2013年11月27日习近平同志在山东考察工作时亲切寄语“阳光大姐”：

家政服务大有可为，要坚持诚信为本，提高职业化水平，做到与人方便、自己方便。

据新华社济南2013年11月28日电

图书在版编目（CIP）数据

月子餐 / 刘桂香等著．—济南：山东教育出版社，2015（2024.3重印）

（阳光大姐金牌育儿系列 / 卓长立，姚建主编）

ISBN 978-7-5328-8834-4

Ⅰ.①月… Ⅱ.①刘… Ⅲ.①产妇—妇幼保健—食谱 Ⅳ.① TS972.164

中国版本图书馆 CIP 数据核字（2015）第 078593 号

YANGGUANG DAJIE JINPAI YU'ER XILIE

YUEZI CAN

阳光大姐金牌育儿系列　　卓长立　姚　建　主编

月子餐　　刘桂香　等著

主管单位：山东出版传媒股份有限公司

出版发行：山东教育出版社

地址：济南市市中区二环南路 2066 号 4 区 1 号　　邮编：250003

电话：（0531）82092660　　网址：www.sjs.com.cn

印　　刷：山东黄氏印务有限公司

版　　次：2015 年 8 月第 1 版

印　　次：2024 年 3 月第 3 次印刷

开　　本：710 毫米 × 1000 毫米　1/16

印　　张：12.5

字　　数：176 千

定　　价：39.00 元

（如印装质量有问题，请与印刷厂联系调换）印厂电话：0531-55575077

阳光大姐 金牌育儿系列

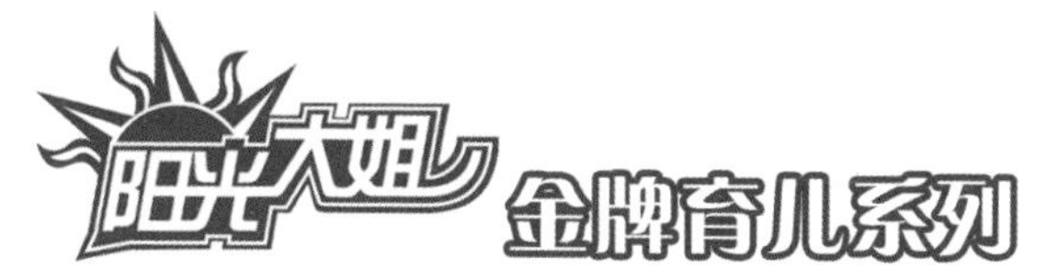

月子餐

主　编：卓长立　　刘桂香/口述
　　　　姚　建　　王　莹/执笔

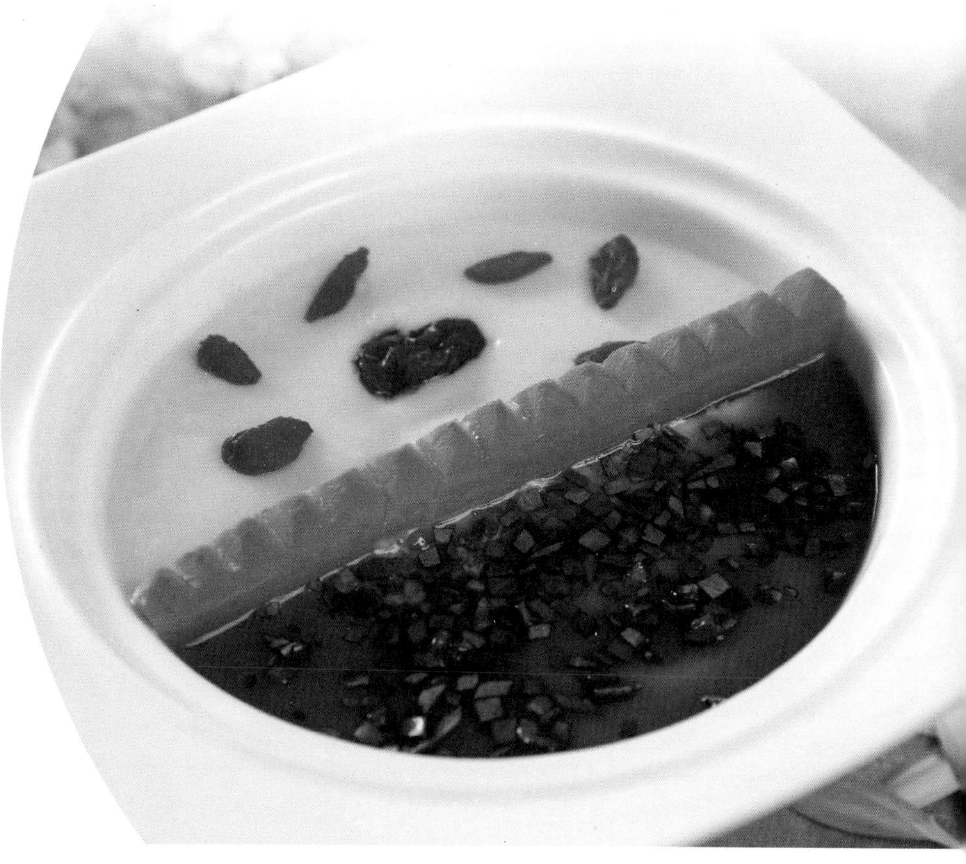

山东教育出版社
·济南·

指导单位：中华全国妇女联合会发展部
山东省妇女联合会

支持单位：全国家政服务标准化技术委员会
济南市妇女联合会

主　　编：卓长立　姚　建

副 主 编：高玉芝　陈　平　王　莹

参加编写人员：

王　霞　刘桂香　李　燕　时召萍　周兰琴
聂　娇　亓向霞　李　华　刘东春　苏宝菊
马济萍　段　美　朱业云　申传惠　王　静
王　蓉　李　晶　高爱民　秦英秋　吕仁红
邹　卫　王桂玲　肖洪玲　王爱玲

总序

这是一套汇聚了济南“阳光大姐”创办十多年来数千位优秀金牌月嫂集体智慧的丛书；这是一套挖掘“阳光大姐”金牌月嫂亲身经历过的成千上万个真实案例、集可读性和理论性于一体的丛书；这是一套从实践中来、到实践中去，经得起时间检验的丛书；这是一套关心新手妈妈的情感、生理、心理等需求，既可以帮助她们缓解面对新生命时的紧张情绪，又能帮助她们解决实际问题的充满人文关怀的丛书。

《阳光大姐金牌育儿》丛书出版历经一年多的时间，从框架搭建到章节安排，从案例梳理到细节描绘，都是一遍遍核实，一点点修改……之所以这样用心，是因为我们知道，这套丛书肩负着习近平总书记对家政服务业“诚信”和“职业化”发展重要指示的嘱托。

时间回溯到2013年11月27日，正在山东考察工作的习近平总书记来到济南市农民工综合服务中心。在济南阳光大姐的招聘现场，面对一群笑容灿烂、热情有加的工作人员和求职者，总书记亲切地鼓励她们：家政服务大有可为，要坚持诚信为本，提高职业化水平，做到与人方便、自己方便。

习近平总书记的重要指示为家政服务业的发展指明了方向。总结“阳光大姐”创办以来“诚信”和“职业化”发展的实践经验，为全国家政服务业的发展提供借鉴，向广大读者传递正确的育儿理念和育儿知识，正是编撰这套丛书的缘起。

济南阳光大姐服务有限责任公司成立于2001年10月，最初由济南市妇联创办。2004年，为适应社会需求，实行了市场化运作。“阳光大姐”的工作既是一座桥梁，又是一条纽带：一方面为求职人员提供教育培训、就业安置、权益维护等服务，另一方面为社会家庭提供养老、育婴、家务等系列家政服务，解决家务劳动社会化问题。公司成立至今，已累计培训家政服务人员20.6万人，安置就业136万人次，服务家庭120万户。

在发展过程中，“阳光大姐”兼顾社会效益与经济效益，始终坚持“安置一个人、温暖两个家”的服务宗旨和“责任+爱心”的服务理念。强化培训，推进从业人员的职业化水平，形成了从岗前、岗中到技能、理念培训的阶梯式、系列化培训模式，鼓励家政服务人员终身学习，培养知识型、技能型、服务型家政服务员，5万余人取得职业资格证书，5000余人具备高级技能，16人被评为首席技师、突出贡献技师，成为享受政府津贴的高技能人才，从家政服务员中培养出200多名专业授课教师。目前，“阳光大姐”在全国拥有连锁机构142家，家政服务员规模4万人，服务遍布全国二十多个省份，服务领域涉及母婴生活护理、养老服务、家务服务和医院陪护4大模块、12大门类、31种家政服务项目，并将服务延伸至母婴用品配送、儿童早教、女性健康服务、家政服务标准化示范基地等10个领域。2009年，“阳光大姐”被国家标准委确定为首批国家级服务业标准化示范单位，起草制订了812项企业标准，9项山东省地方标准和4项国家标准；2010年，“阳光大姐”商标被认定为同行业首个“中国驰名商标”；2011年，“阳光大姐”代表中国企业发布首份基于ISO26000国际标准的企业社会责任报告；2012年，“阳光大姐”承担起全国家政服务标准化技术委员会秘书处工作，并被国务院授予“全国就业先进企业”称号；2014年，“阳光大姐”被国家标准委确定为首批11家国家级服务业标准化示范项目之一，始终引领家政行业发展。

《阳光大姐金牌育儿》系列丛书对阳光大姐占据市场份额最大的月嫂育儿服务进行了细分，共分新生儿护理、产妇产褥期护理、月子餐制作、婴幼儿辅食添加、母乳喂养及哺乳期乳房护理、婴幼儿常见病预防及护理、婴幼儿好习惯养成、婴幼儿抚触及被动操等八册。

针对目前市场上出现的婴幼儿育儿图书良莠混杂，多为简单理论堆砌、可操作性不强等问题，本套丛书通过对“阳光大姐”大量丰富实践和生动案例的深入挖掘和整理，采用“阳光大姐”首席技师级金牌月嫂讲述、有过育儿经验的“妈妈级”专业作者执笔写作、行业专家权威点评“三结合”的形式，面向广大读者传递科学的育儿理念和育儿知识，对规范育儿图书市场和家政行业发展必将起到积极的推进作用。

“阳光大姐”数千位优秀月嫂亲身经历的无数生动故事和案例是本套丛书独有的内容，通过执笔者把阳光大姐在实践中总结出来的诸多“独门秘笈”巧妙地融于故事之中，使可读性和实用性得到了很好的统一，形成了本套丛书最大的特色。

本套丛书配之以大量图片、漫画等，图文并茂、可读性强，还采用“手机扫图观看视频”（AR技术）等最新的出版技术，开创“图书+移动终端”全新出版模式。在印刷上，采用绿色环保认证的印刷技术和材料，符合孕产妇对环保阅读的需求。

我们希望，《阳光大姐金牌育儿》系列丛书可以成为贯彻落实习近平总书记关于家政服务业发展重要指示精神和全国妇联具体安排部署的一项重要成果；可以成为月嫂从业人员“诚信”和“职业化”道路上必读的一套经典教科书；可以成为在育儿图书市场上深受读者欢迎、社会效益和经济效益双丰收的精品图书。我们愿意为此继续努力！

前言：我和我的月子餐工作法
——刘桂香大姐访谈录

刘桂香大姐小记

2004年，刘桂香应聘进入“阳光大姐”成为职业母婴护理员，并决定以此作为后半生的职业。在公司的培养下，参加各种技能培训，陆续获得“高级育婴师”、“高级营养师”、“母婴护理技师”、“高级家政”等证书，为服务用户打下了扎实的技术基础。从业十多年，作为母婴护理员为近百个家庭提供家政服务。

她是第一个获得“山东省首席技师”称号并享受政府津贴的家政服务员。2010年，同伙伴们合作获得“第一届全国家政服务大赛”团体冠军，并在“阳光大姐”开设首个以个人名字命名的工作室——“刘桂香工作室”。

访谈：我和我的月子餐

1. 我能听懂产妇肚子说的话

问：为什么把“月子餐”当成突破口来研究？

答：我第一次签合同为用户服务时，一见面，产妇的老公就问我：“刘老师，你做饭怎么样？”我当时虽然经过公司上岗培训，但没有进家实际操作过，心里没底，又因为是第一次签合同，非常紧张，怕签不成，虽然心里发虚，嘴上还是一口答应：“没问题！”

上岗前一晚，我拿出公司培训的教材和授课纪录反复看至深夜。结果，第一顿饭做下来，产妇吃得眉头微皱，情绪不佳，我知道饭菜不对她的胃口。

接下来聊天时，才知道她老公是个大厨！原来是这样。她的口味已经被老公养“刁”了。为了能在她家继续服务，我很真诚地跟她说了我的想法：“希望你们给我时间，我一定早点调整到位。”

那个阶段，我做梦都在琢摩怎么让产妇吃得舒心，脑子里全是各种菜和汤的花样。每天下班后我急火火赶到公司补充月子餐的相关培训，下课后缠着老师“开小灶”。公司的培训老师被我的执著和努力感动，不厌其烦地给我讲解传授，让我尽快掌握营养知识和烹调手艺。功夫不负有心人，在培训老师的精心指导和我“着魔”般的努力下，我的烹调技能有了质的飞跃。进了厨房，再也不是重复的“炖白菜”、“煮萝卜”、“烧豆腐”，而是能做出既美味可口又赏心悦目的月子餐了。

后来的进家服务，几乎每到一个家庭，都被夸赞“做饭好吃”，客户对我设计的月子饭津津乐道。月子餐制作成了我工作的闪光点。

之后，我又陆续取得了“营养师”“育婴师”“母婴护理技师”等证书，对月子餐的制作有了不少心得。月子餐的水准也上升到有讲究的科学营养膳食了。

看着刚刚来公司的师妹们对做饭很“头疼”，公司就安排我把如何做好月子餐的一些窍门告诉她们，让她们尽快掌握技术，为用户服务。从那以后，我就决定把“月子餐”当成我的一个重点科研项目。

问：你怎么能确定产妇对你的月子餐是满意的？

答：其实，从产妇吃完饭后的样子，我就能听懂她们的肚子给我说的话：产妇吃完饭后，满脸微笑，步履轻盈，腆着肚子，就是在告诉我：“就接着这样做吧，我很满意！”要是产妇吃完饭后愁眉苦脸，唉声叹气，就是在告诉我：“还得加油啊！我吃得不舒服呢。”所以，作为月嫂，得学会观察和倾听，从产妇和她家人的表情、动作和话语，来及时调整服务内容。

2. 看看剩饭，我就能琢摩出月子餐方案

问：不同家庭，不同环境，不同产妇有着不同的饮食习惯和要求，你怎么来确定你的月子餐方案？

答：我的诀窍就是：第一，签合同时就了解用户的生活习惯、饮食特点及禁忌的食物；了解用户生长的地域环境（也就是来自哪个地区），等等。掌握好第一手资料，做到进家之前就心中有数。第二，一进门先观察这个家庭昨天的剩饭。这家喜欢吃酱油吗？喜欢吃甜酱吗？喜欢喝菜汤还是喝稀饭？从剩饭中都能观察个八九不离十，这样我就能确定月子餐方案了。

问：你觉得做月子餐最困难的地方是什么？

答：我觉得最困难的是遇到患了“食物恐惧症”的产妇，像为了保持体形不想吃饭的，你做得再好吃，人家就是不张嘴，你有什么办法。曾经有个要减肥的女孩对我说：“阿姨，你做的菜越难吃越好，如果好吃了，对我就太残忍了。”真是让我哭笑不得。

问：听说的设计月子餐还要看产妇的体质而定？

答：月子餐的设定也要因产妇的体质吸收而定，有的产妇吸收好，我给她设计的月子餐就要严格控制脂肪的摄入量；有的产妇吸收差，生产乳汁又多（消耗大），我施展的空间相对就会更大。

问：坐月子一定要吃鲍鱼、燕窝这些“高大上”的营养食物吗？

答：遇到经济条件好的，家里有鲍鱼、燕窝等高档食材的，当然可以采用；碰到家庭条件差点儿的，一般的食材我也能让她们吃好，达到营养要求。我经常开玩笑地给产妇及家中老人说：“胡萝卜好，胡萝卜又叫小人参。”“豆渣营养丰富，不比海参差。”“咱老百姓的香菇，营养能和虫草相媲美呢！”听了这些话，老人和产妇也都乐了。这样既能让产妇吃得营养，吃得开心，也能消除因消费水平有限而产生的尴尬。

3. 把每个家庭都当成“磨刀石”

问：还记得做月子餐时最开心的事吗？

答：最开心的时候，当然是一个个“难关”被攻破的时候，特别有成就感！做得多了，做得用心了，很多小窍门也就摸索出来了。

有一段时间，我就跟“馄饨皮”较上劲了。我发现，在外面吃的馄饨不仅口感好，而且皮薄透明，里面的馅料晶莹可见。人家是怎么做的呢？试验、失败，继续试、失败，再继续……经过无数次思索，几十次试验，我终于“破译”了奥秘所在——那就是“面补儿”全部使用淀粉！

试验成功，第一个给我道贺的是我爱人。为了支持我做试验，不知不觉中，我家的冰箱已经储藏了满满的馄饨，变成了馄饨专用冰柜了。现在，他再也不用一天三餐地吃馄饨了！

“水晶馄饨”成为我进家服务的“拿手戏”。每次用户夸我做的馄饨漂亮还好吃，那是我最开心的时刻。用户们也和我一样喜欢“显摆”：亲朋好友来做客时总是让我做馄饨给大家吃，让他们大饱口福。

每当合同结束的前一天，用户总是让我包出好多的馄饨存在冰箱里，说是以后再也吃不到这么好吃的馄饨了！你说，有什么比得到用户的认可和称赞更让我开心的呢！

问：你的月子餐工作法炼成有什么诀窍吗？

答：说到底，就是把每个要进入的家庭都当成“磨刀石”。无论遇到什么样的难关，都把它看成好事，看成是对自己技术和情商的考验。

比如，我曾经进入过一个家庭，小两口刚买了房子，经济负担相当重。我去她家的时候，冰箱里几乎空空如也，只有两根胡萝卜、一根丝瓜，几个鸡蛋和少许的紫菜、虾皮。我建议她家里人给产妇买点鸡、猪蹄、鱼等炖汤催乳的食材及青菜，家里人虽然答应，但表情有点儿怪怪的……过了好大一阵，宝宝爸爸在市场上只买回来一条半斤重的鲫鱼。我知道其中必有缘故，就不再提了。我开始琢磨着怎样用有限的食材给产妇和双方老人做出可口营养的饭菜。那天中午我做了“三菜一汤一粥”：胡萝卜丝炒虾皮、丝瓜炒鸡蛋、红烧鲫鱼（煮汤后的鲫鱼）、小鲫鱼汤，小米粥，主食是馒头。她家里人一看，就那么点东西，我还给整了个“一红一绿一红烧”，配上浓白鲜香的鲫鱼汤，外加黄澄澄的小米粥，很像样。他们高兴坏了，一个劲儿地夸我，产妇也吃得眉开眼笑。

可晚上吃什么呢？四个老人你看看我，我看看你，竟然都说自己晚上不吃饭。我怎样完成这顿“无米之炊”呢？好在家里还有馒头，我就给他们煎了一盘黄澄澄的鸡蛋馒头片，熬了金黄色的小米粥。再做个什么汤呢？整个冰箱一点儿绿色都没有……我灵机一动，找出剩余的半颗葱，取出葱心切花，绿油油的小葱叶撒在虾皮蛋花汤上甚是好看，让人相当有食欲。这顿晚饭让产妇一家人更高兴了，啧啧称赞！

后来通过聊天，我知道了其中的原委。小两口刚刚贷款购买了新房，还贷压力已经让刚刚工作的他们经济周转不开，小生命的意外到来，更让这个小家庭“难上加难”，碍于面子又不好意思说。对于我的低调处理，他们非常感谢。

在这个家庭的经历让我学习到随食材应变的重要性；产妇不吃肉，就用鸡蛋代替补充蛋白质，计算出一天要多吃几个鸡蛋；产妇不喜欢吃豆腐，就在菜里多加虾皮来补钙；家里没有鱼，那就烹饪瘦肉虾皮汤，也很好喝……

我觉得，你不应把难关只当成难关，还要当成学习和成长的机会。

4. 月子餐的时代变迁——从“怕不够吃”到“怕吃多了”

问：刘大姐，还记得你年轻时是怎么坐月子的吗?

答：我闺女准备生孩子时，经常问我：妈妈，你现在那么专心研究月子餐，你们那时候坐月子，都吃什么呀? 对于这个问题，我总是笑。我们那时候吃的东西真是再简单不过了。那时候的物质条件和现在根本没法比，月子餐基本就是“小米粥＋红糖＋煮鸡蛋”。大家都觉得鸡蛋最有营养，产妇一天吃十几个鸡蛋的情况都是很常见的。

记得我生女儿时，是20世纪80年代初，商品还比较匮乏。婆婆家经济比较困难，妈妈担心我在婆婆家坐不好月子，营养不到位，就将鸡蛋票积攒起来到我生宝宝用，还号召乡下老姑、小姨来看月子，其实就是想凑点儿鸡蛋。最后，看着满满的两大筐鸡蛋，两只肥肥的老母鸡，还有一大捆油条，我妈才放了心。在婆婆的精心照顾下，出月子的我红光满面，乳汁充足，体重由102斤增长到120多斤!

母亲看见结实的外孙女和健康的我，脸上乐开了花，自然对“亲家”千恩万谢！她和那个年代所有的母亲一样坚信：坐月子就得“大吃猛补”，宁可“过”，不可“欠”。

说到下奶，我们那时候有一种吃法，得把现在的小青年“吓晕”，就是直接把沸腾的开水浇在熟猪油上，然后再加上红糖搅拌几下，几口喝下去，又香又甜又下奶。效果好极了！家庭条件好的，也给产妇炖点猪蹄汤或是老母鸡汤之类。这种月子汤，要的就是上面漂着的厚厚的一层油，所以要熬得浓浓的，产妇就指着这层油下奶呢。更有意思的是，那时候周围有亲戚朋友坐月子，时兴送油条，兴许也是因为油大。

问：现在你也服务了将近一百个家庭了，你觉得现在的年轻人坐月子和你们那时候有什么不同吗?

答：那变化可大了！对于我们那时候的吃法，现在的年轻妈妈们绝对不买账，那么大的油，那么多的脂肪，一个月子下来还不得胖上一大圈啊。现在的宝宝妈妈们肯定想着坐完月子怎么恢复到从前，甚至比之前还要美，是不是？

现在物质那么丰富，平时大鱼大肉都吃得不少，月子餐就更要讲究营养的均衡合理搭配。现在的产妇不是怕“不够吃”，而是怕“吃多了”，唯恐身材难以恢复。

实际上，我们会根据产妇的要求及其身体的需要，定制合理均衡的月子餐，合理均衡地饮食和进补。

我认为，好的月子餐就是要把几千年来流传下来的传统饮食文化和现代科学的营养文化相结合。

目录

第一章：详解现代月子餐

第二章：月子餐之误区篇

第三章：月子餐食谱篇

第四章：月子餐精讲课（上）

第五章：月子餐精讲课（中）

第七章：百问百答

第一章 详解现代月子餐

月子餐：对新妈妈和小宝宝都很重要

女人一生中有三个关键阶段：青春期、产褥期和更年期。

月子，实际上指的是产褥期初期的一个月，是产妇调养的关键阶段。坐月子的过程，实际上是产妇整个生殖系统恢复的一个过程，需要从饮食和生活起居两方面进行调理。

如果在坐月子期间，产妇吃得好，睡得足，心情愉悦，身体会很快得到恢复，达到祛病养生的效果。反之，月子没坐好，会影响到女人一生的身体健康，会留下病灶及健康隐患。根据中国传统养生理念，应该“养在先，治在后，食为先，药为后”。

我之所以把自己的研究重点放在月子餐上，是因为我始终认为，月子餐的精心搭配，对新妈妈和新生儿都是非常重要的。好的月子餐，能帮助产妇活血化瘀、排除恶露、滋补进养、恢复体质。对于宝宝来说，只有妈妈身体好、胃口好，把吃进去的营养充分吸收，宝宝才有丰足香甜的乳汁吃，因为月子餐一个很重要的功能就是“促进乳汁分泌”。所以月子餐对新妈妈和宝宝的重要性是不言而喻的。

好的月子餐应该是啥样

（一）月子餐的整体理念

多汤水，清淡少盐；富营养，少食多餐；由少到多，由稀到稠，由细到粗；易消化，高蛋白，高热量，低脂肪。

（二）刘大姐逐条详解月子餐

1. 汤水多

月子里，新妈妈的一个非常重要的任务是哺乳，每天要摄入3000毫升左右的汤水。奶水以水分为主，还需要有较高的营养素。水分和营养素从哪里来？一个很重要的来源是：月子里的汤水。鸡、鱼、排骨、猪蹄等，这些一般都含有很高的营养成分，汤里的水分又多，能很好地满足新妈妈哺乳的要求。

对于有“恐胖症”的产妇来说，往往都排斥喝汤，为了补充必要的营养，我会想办法把汤“浓缩”一下，给产妇做面条、面叶、汤炖菜或煮馄饨等。这样，营养虽跟上了，但水分不够，我就根据她们平时的饮食特点制作了三汤（银耳莲子汤、绿豆汤、红豆汤）、五水（补气的黄芪红枣枸杞水、开胃的山楂红糖水、养肝退黄的茵陈红枣水、利尿的红豆薏仁糖水、补血的莲藕红枣桂圆水）。这样，产妇既不为大碗白乎乎的油汤犯怵，又能满足营养和水分的需要。

需要注意的是，汤的补充和营养既不能强行加入，也不可没有科学性，一定要按不同时期的营养需求来“量身定做”，更要顾及用户家人的个体需求，平衡好家庭关系，为产妇创造和谐的氛围。同时，还要照顾好产妇的心情，别让产妇觉得自己只是个“哺乳机器”。

2. 清淡少盐

月子餐要清淡少盐，这个大家都知道。我要提醒的是，无论是“清淡”还是“少盐”，都不要走极端。

先说“清淡”。一方面，现在物质条件好了，平时大家油脂摄入就比较多，我们在设计月子餐时，反而要控制脂肪的摄入量。比如，做菜时不放太多的油，提倡用清淡的橄榄油和麻油，炖汤的时候，还要注意把上面的油撇掉。尤其是产妇刚刚生产完毕，肠胃虚弱，更不应该一上来就吃油腻和盐分较重的饮食，一定要清淡少盐。

另一方面，一味要求清淡，不吃任何脂肪，也是不对的。脂肪中的脂肪酸对宝宝的大脑发育很有益，特别是α-亚麻酸，对中枢神经的发育特别重要。新妈妈在饮食中适量补充这些，会通过乳汁将养分传输给宝宝。

关于“少盐”，也是相对而言，不能走极端。一方面，产后不能吃太多盐。盐是百味之首，也是生活必需品，但摄入过量就会威胁健康。产妇每日乳量为600～800毫升，其中含钠量在116毫克/升左右。中国营养学会推荐，乳母每日钠的适宜摄入量为1500毫克。由于产妇一天摄入的汤水和菜比一般人要多，如果再按平时比例放盐的话，会超出标准，增加新妈妈和宝宝双方肾脏的负担。因此，盐量不能过多。

另一方面，月子餐又不能绝对无盐。这样不仅新妈妈没有胃口，乳汁中的钠含量也会降低，影响宝宝的身体健康。

刘大姐讲故事

现实中，关于“放盐”，经常遇到走极端的家庭。

有的产妇，平时口味重，月子里饮食太清淡受不了，竟然背着家人自己到厨房里“偷”豆腐乳或者酱瓜吃。在这里需要提醒一下：这些东西在月子里是被“明令禁止”的！

更多的则是走向另一个极端。有的老人太拘泥于古法坐月子，告诉产妇：要想奶水好，就不能吃盐！一碗又一碗没有盐味的汤让产妇难以下咽，渐渐生出了“厌食”症。妈妈和婆婆还轮流在她耳边说个不停：这个吃了下奶，那个吃了催乳，这个茬奶，那个寒凉，不能碰……产妇经常向我诉苦，再加上其他一些因素，最后竟然导致了抑郁症。

3. 富营养

及时恢复产妇因分娩透支的体力，以及提供宝宝对母乳需求的丰富营养，是月子餐制作的重点。营养要全面，每天的膳食达到15种为基本营养保障，30种以上营养素摄入为上佳。

4. 少食多餐

产妇分娩后，内脏的变位和婴儿的娩出使其肠胃的容量及蠕动都发生了很大的变化。正常的三餐饮食已不适合刚刚分娩的产妇。一次过量的摄入，会使胃容量增大导致身体变形，内脏功能承压太大而受损。

我设计的月子餐，第一周，每天进餐8～10次，有主餐（小米粥、馄饨、烂面条）三次，上午加一次汤，加一次水果，下午加一次特色汤，晚上七点再安排一次汤，九点吃一次小米粥，如果仍觉得饿，可以临睡前再喝点牛奶或芝麻糊。从第二周开始减少为一天6～8次。然后逐渐恢复正常。

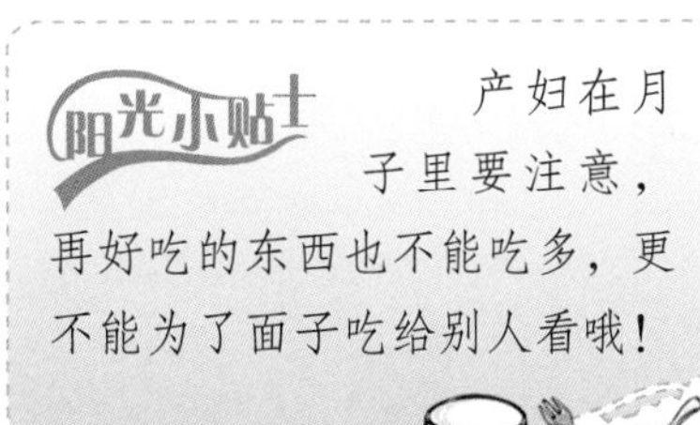

刘大姐讲故事

大家别觉得我这个提醒多余。我见过好几个这样的新妈妈，因为贪嘴，在月子里一顿饭吃得过多，造成肠胃不舒服，甚至留下后遗症。

有位产妇，童年在青海度过，坐月子时，特别想吃小时候在青海吃过的一种“小米粥煮面叶”。我根据她的描述做了之后，她抱怨说“不是那个味道”。后来，娘家妈来看闺女，根据女儿的要求带了一大包面叶，用青海的方式做了一大锅。产妇吃得眉开眼笑：“就是这个味道！”然后呼哧呼哧喝了一大盆。把我们周围的人都看傻眼了。可这顿饭把产妇撑得在房间里溜达了一个多小时才敢坐下，胃疼了好几天不敢吃东西。

还有的产妇，月子里和婆婆住在一起，吃不惯月子餐，娘家妈来了之后，给闺女做饭，为了证明妈妈做的饭好吃，明明已经饱了，还大吃特吃。这样为了给妈妈“挣面子”，造成的结果是使产妇肠胃受伤，好几天吃不下东西，还容易落下胃疼的毛病。

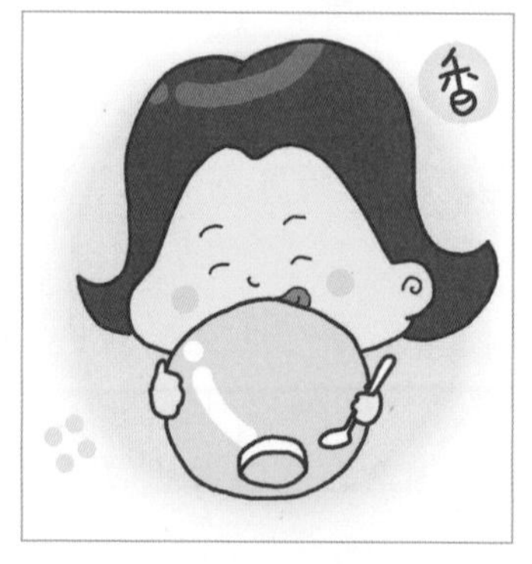

5. 由少到多，由稀到稠，由细到粗

无论是手术分娩，还是自然分娩，都会消耗产妇很大体力，使其消化系统受到影响，所以月子餐的安排也应该有一个由少到多、由稀到稠、由细到粗的渐进过程。

比如：第一周可多吃些流质食物（小米粥、烂面条、汤水），过渡到第二周可多吃些半流质食物（稠稀饭、软米饭、面条、馄饨等）。

阳光小贴士

我说的“细”，不仅是指细粮比粗粮好消化，也指“加工精细”。“粗”不仅指粗粮，也指“粗的制作方法”。比如，第一周的炒鸡蛋应为“软炒蛋”（即把菜切碎和蛋搅拌在一起后炒制，从第二周开始，就可以把菜里的鸡蛋单独炒制了）。再如，豆类食物我们一般建议下半个月再吃，但如果进行了特殊处理，比如用高压锅压得软软的，第二周就能吃了。

6. 高蛋白、高热量、低脂肪

高蛋白：月子餐应注重高蛋白的摄入。代表食物有肉、鱼、蛋、虾、奶等。

高热量：喂奶需要消耗大量热量和体能，产褥期产妇一天对热量的需求是正常人的1.27倍（即2300千卡左右）。所以，产妇每天的食物摄入在常人的营养热量（1800千卡）基础上应增加2个山鸡蛋（60×2=120千卡）、1盒牛奶（160千卡）、一杯甜豆浆（80千卡）、一碗鸡汤+排骨汤+鱼汤（约100千卡），还需要补充一些高热量的食物，如桂圆、红枣、阿胶等。

低脂肪：产妇刚刚生产完毕，肠胃虚弱，所以第一周和第二周要注意饮食不可过于油腻，熬炖油脂过多的月子汤时，要注意把上面的一层厚油撇掉，这样才有利于产妇肠胃的恢复，也不会造成乳腺管堵塞。从第三周和第四周开始，可以逐渐增加脂肪的摄入量。

1. 关于汤的去油法。方法一，把汤放进冰箱冷藏室，上层油脂会凝结，就可以把油脂轻易去掉。方法二，直接用勺子把上层的油脂撇掉。方法三，产妇直接用吸管插入碗底喝汤，可避免摄入油脂层。

2. 有的产妇完全吃素，和能吃肉的产妇相比，摄入的热量肯定远远不够。因此，我们可以用植物蛋白中高能量的食物给产妇补充，比如黄豆、花生、桂圆等。

月子餐里的“忌口饭”

无论平时胃口再好，再热爱美食，都要提醒一下，月子里有很多食物是须要“禁食”的：

1. 生：自然的，没有经过热加工的食物。

2. 冷：较凉的尤其是刚从冰箱拿出来的食物。

3. 辛：花椒、大料、胡椒、八角、茴香等。

4. 辣：辣椒、生葱、生蒜、生姜等（葱、姜、蒜熟制后可以食用）。

阳光小贴士

产后身体气血亏虚，应吃温热性食品，禁忌寒凉生冷食物，以利气血恢复。未煮熟的食物往往不易消化，对脾胃功能较差的产妇（特别是分娩后7～10天的产妇）并不适合。同时，生冷食品未经高温消毒，可能带有细菌，进食后容易使产妇患上肠胃炎。另外，还不利于恶露和淤血排出，母乳喂养过程中亦会导致婴儿腹泻。

刘大姐讲故事

我女儿长期在国外生活，非常想念国内的小吃。回到国内后，可把她给高兴坏了，馋嘴吃了米线、凉皮等一些辛辣的小吃，怎么劝都管不住嘴。结果我那还在哺乳期的外孙女一吃妈妈的奶就皱眉扭头，拒绝进食。我觉得神奇极了！你看，那么小的孩子就知道什么对她身体不好，好像比我们指导师还会“指导”自己呢！

阳光小贴士 吃易发食物，伤口不易愈合，还容易引发母乳宝宝拉肚子。

5. 刺激性食物：咖啡、巧克力、浓茶、酒等。

6. 易发食物：香椿芽、韭菜等。

7. 变质不洁及过夜食物。要选择新鲜食材，加工过程要清洗干净，防止农药和化肥残留，保证食物的卫生。食物过夜之后，经过储藏再加热，营养素和口味都会大打折扣。最好是适量少做，一次食用完。

8. 大寒食物：木耳菜、芦荟、绿豆芽、乌贼、牡蛎、螃蟹、西瓜、柚子、柿子、甜瓜、柿饼、哈密瓜、苦瓜等。

9. 过酸、过热、过硬、不易咀嚼、不好消化的食物。产妇在孕期消耗大量钙质，会出现不同程度的骨质疏松情况。坐月子期间，硬、热、酸及不易咀嚼的食物都会伤害到产妇的牙齿，造成一生的遗憾。月子里保护好产妇的牙齿，是我们很重要的一项护理工作。

阳光小贴士 清洗青菜和水果时，用流动的清水或淡盐水浸泡5～10分钟或用苏打水浸泡2分钟，再清洗干净。汤类煲好当天喝完。

10. 禁麦芽糖、炒麦芽、燕麦茶等有回奶作用的食物摄入。

关于“慎吃”

首先，顺产产妇分娩时通常有会阴撕伤，应给无渣膳食一周左右，以保证肛门括约肌不会因排便再次撕裂。做剖宫手术的产妇术后24小时给予流食一天。

除了前面谈到的禁忌食物外，月子里产妇的饮食还需要对几个特殊时期进行了解和认知。

1. 三日内注意事项

以顺产产妇为例，剖宫产产妇排气后顺应自然产产妇的第一天饮食要求进食。

（1）刚刚分娩的产妇各器官功能较弱，肠胃蠕动较差，所以三天内一定要吃一些易消化的食物。比如：小米粥、烂面条、芝麻糊、叶类青菜等较软食物。

（2）慎食牛奶、豆浆、煮鸡蛋。因为这些食物不易消化吸收，会使体弱气虚、肛门松弛的产妇造成便秘，且容易留下痔疮等后遗症。

（3）红糖。红糖是好东西，有活血化瘀的作用，我也据此设计了不少食谱。但提醒大家，由于红糖活血的效果好，如果在摄入红糖的同时使用缩宫素和其他活血药方，可能会导致宫缩太剧烈，须咨询医生的意见。另外，红糖能量较高，过量摄入会引起肥胖。妊娠糖尿病产妇摄入糖分过高，也不利于血糖控制及伤口愈合。

（4）山药。山药有极高的营养成分，但也容易生躁，过早食用容易产生便秘现象。

2. 五日内注意事项

（1）发烧及伤口未愈合的产妇慎食海鲜、香菜、香椿等易发食物。

（2）慎食猪蹄汤。在乳腺管还没有完全通畅之前，我们不建议喝过多胶原蛋白高的猪蹄汤，以防堵塞乳腺管。

（3）慎食全汤。全汤里含有猪蹄、大虾、鲍鱼等前五日的禁忌食物，因而应避免食用。

（4）慎食鱼汤、鸡汤。因为有些产妇开奶较晚，开奶前摄入过量的蛋白、脂肪，会造成乳腺不通畅；如果产妇下奶早，就可以食用。

3. 半月内注意事项

（1）上半个月，产妇慎吃甲鱼、人参等大补食物，慎吃过多的红枣、阿胶、桂圆、枸杞。即使到下半个月，产妇也还是要根据自己的体质选择。如果属于热性体质，仍要慎重食用。对于多数产妇来说，第一周最好不要食用过多，应以清淡饮食为主。

（2）半月之内，尽可能多喝公鸡汤（不喝或少喝母鸡汤）。公鸡汤有利于乳汁分泌。

4. 半月之后注意事项

红糖、益母草等活血化瘀类食材或药材要谨慎使用。

第二章 月子餐之误区篇

产妇在月子里吃饭好不好，只是月嫂一个人的事吗？

月子是重塑体型的合适时间吗？月子餐没油没糖了，就能起到减肥的作用吗？

生完孩子产妇虚弱，一定要第一时间抓紧大补吗？

月子餐就是一套万能食谱，放在哪个产妇身上都行得通吗？

在这一章里，我想通过自己服务过的产妇家庭的一些故事，来初步总结一下月子餐里容易出现的误区。目的是给产妇和家人提个醒，争取避免这些误区，一起努力把月子坐好。

让产妇吃好，不是“一个人在战斗”

刘大姐讲故事

我服务过一个产妇家庭，夫妻二人感情很好，丈夫是政府机关的秘书。妻子生产后，原本情绪、胃口还都不错，但正好赶上老公那段时间比较忙，经常在单位几天不能回家，也忘了时常给妻子打个电话。

我就眼瞅着这个新妈妈越来越烦躁，走神、失眠，抱着孩子的时候心也不知在哪儿，对自己的妈妈乱发脾气。寒冷的11月份，还在月子里，她竟然非让我陪她下楼去广场上溜达一会儿，怎么劝也不听！她胃口不好，导致奶也不好，火爆脾气更是说来就来！

后来，我和娘家妈商量，让她老公在单位多给她打电话，陪她聊天，问问她的身体情况和宝宝情况，安慰她，说明自己的工作进度和明确回家时间。这招还真管用，新妈妈的情绪和胃口都在逐渐好转。

后来，老公忙完工作回家陪她后，她就像变了个人似的，能吃能喝，能说能笑，对家里人也没脾气了，奶更是下得哗哗的。

刘大姐讲评

这个案例，让我对月子里家人支持的重要性有了最直观的认识。

有很多家庭觉得，反正我请月嫂了，产妇吃饭的事我们就不用管了！其实，让产妇吃好饭不是“一个人在战斗”，而是全家齐心协力的结果。夫妻关系、婆媳关系和母女关系都有可能对产妇身体和心理恢复产生影响。良好的家庭大环境，能带给产妇愉悦的心情和高涨的胃口，这些是配合我做月子餐的“最佳辅助”。尤其是宝宝爸爸，这时候，不要一味把自己陷在采买、招待来宾等家庭琐事里，而应该扮演起更重要的角色——陪伴新妈妈、协调婆媳关系等。

刘大姐建议

宝宝爸，我告诉你一个“秘密”：这个阶段，你的妻子最渴望坐在床边陪伴她的人，甚至不是妈妈，而是你！而这，又是她不好意思告诉婆婆和妈妈的。所以，我就替她告诉你了。

我建议，送饭、采买这些事情，除了事先多做准备外，尽量让别人代劳。你呢，经常陪在新妈妈的身旁，和她一起看看宝宝，说说笑话，给她理理头发，擦把脸，或者拥抱她一下，深情地跟她说声“谢谢”。说句玩笑话，你的一个拥抱比我做多少顿月子餐都管用！都能更好地帮助妻子振作精神、愉悦心情，吸收吃进去的营养，预防产后抑郁症的发生。

如果实在工作忙，也别忘了经常给坐月子的妻子打打电话聊聊天。我还见过一些爸爸，明明有时间，却把自己关在另一个房间里打游戏或看电视，这就不应该了。有位产妇曾经赌气地跟我说：“早知道这样，我就不找月嫂了！”我奇怪地问她为啥，她无奈地说：“活儿都让你们干了，我老公买完东西就躲在另一个房间打游戏，我要见他一面都难了！”

另外，如果平时婆婆和儿媳妇有矛盾，这时候也得尽量化解，先替媳妇考虑。只有媳妇的气顺了，她吃进去的营养才能吸收进奶水，才能变成宝宝的营养。这个关键时刻，婆婆处处替儿媳妇着想，不也是化解平时家庭矛盾的好机会吗？

专家点评：

从心理方面分析，妇女妊娠后，特别是第一次，精神上会有较大压力，如分娩后能否恢复到过去的身材？自己能不能带好宝宝？老公会否趁机出外拈花惹草？部分产妇会出现感情脆弱、焦虑，有时候有失眠、头痛等症状。因此，丈夫应该尽量陪伴，分担育婴责任，减轻产妇的劳累和心理负担，忍耐妻子的挑剔与任性。丈夫的言行对妻子顺利渡过哺乳期非常重要，不管是生理上的照顾还是心理上的支持。如果丈夫不注意，不仅易导致妻子患上产后抑郁症，还可能使泌乳减少，影响宝宝的身体和心理健康。

刘大姐讲故事

这名产妇是舞蹈老师，所以对自己的体型恢复特别在意。她给我下了“死命令”，就是“一定不能发胖”。

她听别人说，要想不发胖，月子里不能吃糖、不能吃盐、不能吃酱油。所以，她的规矩多极了：肉要少吃，汤要少喝，排骨、猪蹄基本上不吃，海鲜不吃。不吃带叶菜，甚至芸豆、长豆角、茄子、菜花都不吃，只吃点儿山药和丝瓜，但所有的菜都不能加糖和盐。

以前她最喜欢吃五花肉烧茄子，可月子里，她吃茄子不让放盐和油。我按照她的要求制作了一盘白乎乎的煮茄子，为了增加她的食欲，还特别挑选了一个精致的小盘，在旁边点缀了两个胡萝卜花和香菜花。即便这样，菜的味道却是可想而知。看她吃得愁眉苦脸，自己心里也很不好受。我尝试开导她：盐是身体必要的营养素，过量不行，但没有也万万不行。你就是不为了自己，也得为宝宝着想啊！可是，这位产妇怎么也不肯听。每顿饭只喝半碗小米粥，连八宝粥都不喝，因为她家老人说只能喝小米粥，其他的粥“茬奶”。

结果，宝宝的黄疸一直退不了，还有轻度肺炎。我一点儿也不奇怪，这么单调的饮食，宝宝怎么可能健康呢。说实话，那个月对我来说真是煎熬啊。

还有一位产妇从事模特专业，和前面那位差不多。因为怕发胖，每顿饭就吃半块地瓜或者一碗小米粥。虽然奶还下得可以，但乳汁质量不好，产妇脸色不好看，身体也虚弱。宝宝生下来只有四斤八两，身体很弱，哭声细小得像只小猫咪。

月子里，宝宝腹泻，找中医推拿。大夫的小徒弟说话特别直，一见着这位产妇就大喊：“你的脸色好可怕啊！”后来，这位中医了解情况后，批评了产妇。

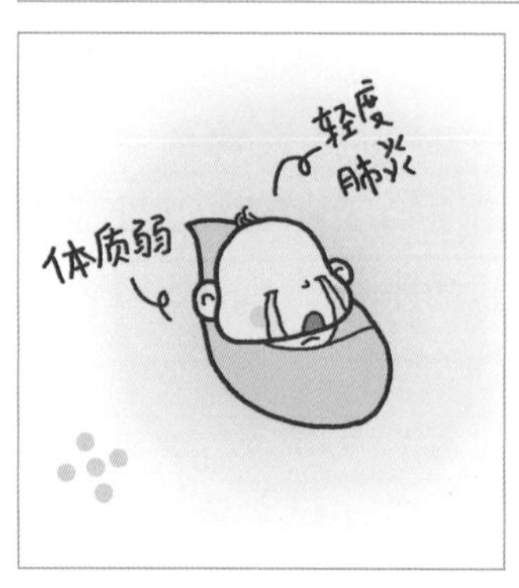

刘大姐讲评

这是我从业以来遇到的两个最失败的案例。

这两个月子餐，都是因为新妈妈要身材、要体型，把自己的嘴“勒”得紧紧的。我空有一身本事，在她们家却派不上用场，最后都落得产妇情绪不佳，宝宝身体不好。这样的案例，让我至今都感到遗憾。

到后来，我一听说坐月子的产妇是模特、舞蹈演员或者对体型有特殊要求的就有点头疼。新妈妈们，月子餐是为了恢复身体、生产乳汁用的，咱可不能当减肥餐吃啊！

刘大姐建议

新妈妈们，作为月嫂，我肯定会考虑你的体形恢复要求，为你合理搭配膳食，控制过量的脂肪摄入。作为你，希望能尽量配合我的要求，让我们一起努力！

我记得有位产妇，身高1米7多点，体重将近180斤，一直想减肥。我一进家她就对我说："阿姨，我不能再这样了，老公看我的眼神都嫌弃了，我就希望你能帮我把肉减下去。"我对她说："好，只要你跟我配合，按照我给你搭配的月子餐吃，一定能达到效果。"

在给她设计月子餐的时候，我就把握住：每天该达到的营养素刚刚达到即可，不要超标。有时候她吃得太少会头晕，我就劝她："能行吗？不行我们再加点量吧。"她就乖乖地多吃点。我给她设计的月子餐，减少脂肪、糖分和淀粉类，均衡搭配其他食物，她都很配合。结果一个月下来，她减到了130斤。

离开她家时，她依依不舍，搂着我的脖子说："阿姨，我离目标不远了！要是生老二，还找你来给我当月嫂！"

专家点评：

产后减肥是指女性在生产过后进行的减肥。产后减肥方法有很多种，主要包括饮食减肥、运动减肥、药物减肥、物理减肥等。饮食减肥是通过科学调整饮食结构而达到减肥目的；运动减肥是通过合理适当的锻炼从而减肥；产后药物减肥一般不太主张；物理减肥是通过专业的产后收腹带、骨盆矫正带进行的塑身减肥，也是目前最常用的自然减肥方法。

产后的饮食搭配对于瘦身的顺利进行有着至关重要的作用。要保证小宝宝和新妈妈营养摄入充分，饮食中必须含有丰富的蛋白质、维生素、矿物质，如鱼、瘦肉、蛋、奶、水果和蔬菜。

产后运动也是越早越好，顺产的第二天，剖腹产的第六天就可以开始。初期可像孕期一样散步行走即可，之后可以根据情况做产后体操及瑜伽等，均有助于恢复身材。

刘大姐讲故事

某高校老师，38岁，分娩一8斤男孩，作为高龄产妇身体十分虚弱，怎么办？补！大补特补！于是，70多岁的公婆什么贵买什么，人参、阿胶、甲鱼、大枣、枸杞、羊排、牛尾一起上，唯恐产妇身体受委屈，宝宝没奶吃。

结果，一周下来，产妇满嘴起泡，厌食，上火。宝宝的眼眵一大坨，尿黄，便秘，舌苔厚，小龟头因上火而发炎，一撒尿就哇哇大哭。一家人这才接受我的建议，调整方向，清淡饮食，母子俩出现的问题得以逐渐消失。

还有一个家庭，一位24岁的年轻妈妈，在一家人的呵护疼爱下，如愿生下一个可爱漂亮的小姑娘，宝宝奶奶喜欢得合不拢嘴——家里几代都是男丁，终于有了朵花！

“女儿贵养，我啥都得给孙女最好的！儿媳生完孩子一天多了，咋还不下奶呢？”面对宝宝奶奶的焦虑，我劝她说：“时间还短，一般下奶都在2～3天左右，不急着加脂肪高的猪蹄汤、猪大骨、牛羊排浓汤，喝点儿清淡的鸽子汤、鲫鱼汤就行，以免堵塞乳腺，不利于乳汁的通畅。”

奶奶看我说的有理，没吭声。没想到我前脚离开，她立马给媳妇熬了一锅浓浓的猪蹄汤和一锅浓浓的羊排汤，“哄”着儿媳一晚上全部喝光。第二天早上5点，电话铃声叫醒了我：产妇因胀乳、堵奶、乳腺不通，下不来奶，疼得哇哇大哭，而且有点发烧。我打车赶到一看，产妇的乳房胀得像石头一样硬，不敢碰，更别提让宝宝吸吮了。我立马给她进行了按摩推拿，挤出乳汁，这才避免了乳腺炎的发生。

高龄产妇
喜得贵子

我们来看孙儿啦～～
补品
大补
补品
补品

补气！
上火
补血！
十全大补！！！

刚生完宝宝，
哪能这么
大补急补！

膳食平衡

刘大姐讲评

月子第一周的饮食要特别当心，不能大补、急补。

无论是剖宫产还是自然产，在分娩过程以及恶露的排出中，都有300毫升左右不同程度的血液流失掉，会消耗大量体能。一家人对“大功臣”百般疼爱，加倍呵护，恨不能将所有补品一股脑全部塞到产妇嘴里。

其实，产妇刚刚生产完毕，脾胃都非常虚弱，根本没有办法消化，往往会出现“虚不受补”的现象，急补、大补对产后大虚的身体不但没有起到补给的作用，反而会出现不同程度的不适。

刘大姐建议

月子第一周，应该以清淡、流质、易消化的主食和汤水为主，比如小米粥、鸡蛋羹、烂面条、小馄饨、鸡汤、鸽子汤等。随着产妇脾胃的恢复，再慢慢从以流质食物为主逐渐向半流质食物过渡。

专家点评：

我国传统医学认为，产后气血暴虚，理当大补。但每个新妈妈的体质不尽相同，所以应该辨证进补，有针对性地进行调理，这样才能收到比较好的进补效果。明代医家张景岳曾指出：“凡产后气血俱去，诚多虚证。然有虚者，有不虚者，有全实者。凡此三者，但当随证、随人，辨其虚实，以常法治疗，不得执有诚心，概行大补，以致助邪。此辨不可不真也。”

进补并不是指吃大鱼大肉，而是针对新妈妈的体质进行补虚、化淤、解郁等综合性调理。

产妇滋补过量易导致肥胖，会使体内糖类和脂类代谢失调，引发各种疾病，如冠心病、糖尿病，对产妇以后的健康非常不利。产妇营养太丰富，必然会使奶水中脂肪的含量增加，如果婴儿胃肠能够吸收，易造成婴儿肥胖；若婴儿胃肠消化能力差，不能充分吸收，则会出现脂肪泻，而长期的慢性腹泻则会导致婴儿营养不良。

刘大姐讲故事

有个产妇家庭，双方老人都特别讲究用传统方法坐月子。闺女没生时，娘家妈就在电话中千叮咛万嘱咐：“一定要按照咱老法好好坐月子，红糖、小米粥加煮鸡蛋，其他寒凉的水果和蔬菜都别吃了。坐不好月子，落下的是一辈子的病，除非再生一个，要不然一辈子都治不好！”

偏偏这位产妇原来特别喜欢吃水果，早饭经常是水果、蔬菜、三明治。现在生完孩子，听了双方老人的话，这些东西都不敢吃了。婆婆又告诉她，自己年轻的时候坐月子就是吃煮鸡蛋，所以每天早上都让新妈妈吃上六个煮鸡蛋，尽量减少炒菜，以汤水、稀饭、煮鸡蛋为主。

我劝婆婆要给产妇增加食物的品种，均衡营养。婆婆听不进去，还一个劲儿强调她们那时候就是这样。实践出真知！我和婆婆商量，按她的食谱吃上十天，效果好就继续吃，效果不好就按照我的来。婆婆同意了。

这么单调的三餐，产妇刚开始觉得新鲜，还能忍受，但时间一长就完全倒了胃口，抱怨道：“天天就这几样东西吃，谁也受不了啊！”

结果婆婆主动找我商量：还是按你的食谱来吧！

我马上给产妇换了食谱：停掉煮鸡蛋，增加蔬菜量，适当吃点水果。香菇丝炒油菜丝、芹菜汁鸡蛋羹、丝瓜烂面条、菠菜面叶……把产妇吃得眉开眼笑，心情大好。

1
2
3
4
5
6
7
8
9
便秘～

营养全面！

刘大姐讲评

这种太执著于古法坐月子的家庭其实不少，老一辈和年轻一辈因为坐月子吃什么而产生矛盾的更是屡见不鲜。有的老人要求产妇不吃一点水果和蔬菜，怕凉着肚子，这也太极端了。不吃水果蔬菜，产妇容易便秘，心情不好，胃口也不好，宝宝以后添加辅食也比较困难。

对于新妈妈来说，煮鸡蛋切不可吃得过早、过多，自然分娩的产妇一般都有不同程度的肛门松弛和脱肛现象，肠胃蠕动慢，再很少摄入青菜、水果的话怎能不便秘?

刘大姐建议

以前坐月子，千篇一律红糖、小米粥和煮鸡蛋，更多原因是物质条件有限。现在物质条件丰富了，可选择的余地那么大，老人没有必要非得执著于古法坐月子。按照国家膳食标准，产妇每天摄取的食物应在30种左右。对于有经验的月嫂来说，会注意把传统方法和现代营养科学相结合，针对个体设计营养均衡合理的月子餐。

蔬菜和水果，只要烹饪得当，完全可以做到既不凉着肚子，又把该增加的营养素和纤维素增加进去。

专家点评:

产妇产后因卧床休息、食物缺乏膳食纤维且胃肠蠕动能力减弱，生理性出汗较多及泌乳水分的流失，使体内常呈缺水状态，导致大便干结。所以每餐必须吃足够的新鲜蔬菜，每日蔬菜300～500克，水果200～400克，达到膳食纤维25克，同时尽可能早日下床活动，以预防便秘。

产妇的营养是从多种食物中获得的，加强营养，并不一定要吃大量的鸡鸭鱼肉等，关键是要膳食平衡，食物品种多样化，保证身体健康及正常泌乳。

刘大姐讲故事

你见过闺女一下手术台，娘家妈就给买大米干饭把子肉吃的家庭吗?

还真有!

外孙一声响亮的哭声让外婆激动得乱了方寸，想抱宝宝，又想守着女儿。亲家一句"我回家给孩子煮小米粥去!"让娘家妈醒过神来，连连说:"亲家，我来!"

两个小时后，满头大汗的娘家妈赶回到医院。左手一提盒，右手一保温桶。保温桶里是牡蛎汤，提盒里是老济南名吃"大米干饭把子肉"。女儿看见这么可口的饭菜，美美地饱餐了一顿。我在一旁看得连连摇头，又不好一下子打击了老人的积极性。

刘大姐讲评

新妈妈生产后脾胃非常虚弱，米饭太硬，把子肉又油，产妇贪嘴吃得多，能舒服吗？还有，牡蛎属寒凉之物，刚生完孩子就喝牡蛎汤，寒气留在体内排不出来怎么办？果不其然，这位产妇后来落下了胃疼的毛病。

刘大姐建议

所有的娘家妈都是最疼闺女的，这点我非常理解。

在这里，我想给娘家妈提两点建议：

第一，很多妈妈怕闺女补养不到位，吃得不可口，女儿一生完孩子就张罗着给买好吃的解个馋，或者给大补特补。其实这时候产妇脾胃最为虚弱，“解馋饭”或是油腻的“大补汤”有时候反而会给产妇的身体造成负担。

第二，闺女最听妈妈的话，因为她知道妈妈是真心为自己好。正因为这样，有时候闺女生完孩子后心情不好，撒娇任性，不按照月嫂的建议吃东西，请你帮我们多劝劝，告诉她哪些东西虽然没滋味但应该吃，哪些东西虽然好吃但暂时还不适宜多吃，多喝点汤，少吃点不好消化的……有时候，你的话比我们说的更管用。

专家点评：

坐月子的进补一直被视为是产后改变体质、恢复体形的关键，随着现代生活水平的普遍提高，孕妇平时已经很少运动，肥胖率不断提高，如果生产过后再大量进补，很容易造成产后肥胖，体形难以恢复。

刘大姐讲故事

有位产妇是典型的热性体质，爱出汗、怕热，大冬天的只穿衬衫加毛背心，每天晚上必须吃个凉菜才觉得舒服，平时吃几个桂圆都会觉得嗓子冒烟。

坐月子的时候，为了让产妇早点恢复身体，家人熬了一大锅“营养粥”：花生、桂圆、枸杞、核桃、红枣等食材每样放了一大把。产妇也觉得自己产后虚弱应该补，就喝下去了。结果，很快就出现舌苔红、眼眵多、小便黄、嗓子发哑的现象。与此同时，喝母乳的宝宝也出现了同样的情况：眼眵多、尿液颜色重、大便干，流粘稠发黄的鼻涕等。

后来，我给产妇换了清淡饮食，吃了几天小米粥，娘俩的上火状况才得以缓解。

刘大姐讲评

月子餐要跟着体质走。每个人的体质不一样，有热性的、有虚寒型的，还有中性比较平和的，所以月子餐也无法一套食谱打天下。如果是热性体质的产妇，我会避免使用桂圆、羊肉这些热性的食材，因为容易引起产妇便秘或者出血过多的情况；如果是虚寒体质的产妇，苦瓜、黄瓜等寒性的食材就要避免，水果也要尽量给她们蒸熟食用。

刘大姐建议

准备怀孕或者生产前，我建议新妈妈不妨去中医院让大夫给把把脉，听听大夫的意见，了解一下自己是什么体质。月嫂进家后，及时将自己的体质情况和饮食喜好、忌口食物等与月嫂进行沟通，方便我们根据您的体质情况和饮食喜好设计月子餐。

专家点评：

产后进补，因个人体质而异。坐月子向来被女性视为产后改变体质的重要阶段，目的是要通过适当的饮食和生活调理，以协助产妇尽快恢复体力，重新回归正常的生活。

依据产妇不同的体质，制定个体产后进补计划，即使各地风土民情不同，只要调理的大原则不变，加上结合中、西方营养学各自的优点，能促进伤口愈合、补充营养素及恢复子宫的机能，这就是现代最好的坐月子方式。

第三章 月子餐食谱篇

第一阶段（第一周）：代谢排毒　活血化瘀

根据产妇的生理特点，产后第一周是最关键、最重要的一个阶段。刚经历分娩的新妈妈身体虚弱，肠胃消化功能尚未恢复。这个阶段的饮食重点在于：促进肠胃功能“苏醒”，促使恶露和水分的排出，补充体力，提高抵抗力。

所以，第一阶段的饮食主要以流质食物为主。少食多餐，吃易消化、易吸收的食物，像传统的小米粥、鸡蛋羹、软面叶、烂面条和各种汤水等。

分娩后的产妇需要在第一周内使子宫基本恢复到位（肚脐以下）。在此期间，我们要做的就是在饮食上给予配合和帮助，既使产妇的身体得以净化，排出孕期滞留在体内的废物，不给身体留下病灶；又达到帮助产妇尽早产乳的目的。

第二阶段（第二周）：养腰固肾　收缩内脏

在第二周，随着子宫降入骨盆，脾胃功能恢复和内脏复位是本阶段月子餐的重点。

饮食特点：以半流质食物为主，向半固体食物过渡，补钙养肾。这个阶段的饮食可以比第一周略微“硬”一点，比如吃一些软叶蔬菜、肉末鸡蛋羹或薏米粥等稠稀饭。

在经过了分娩的紧张期和做妈妈的兴奋期后，接下来的第二周产妇会感觉非常疲劳、体力不支、腰酸背痛，前期体力的超常消耗和产后的体质虚弱使产妇经常大汗淋漓。汗水和乳汁带走了钙质，表现症状有：出虚汗、关节痛、脚后跟疼、睡眠不好、食欲不佳等。因此，我们在补充钙质食物的同时，还会遵循中医“肾主骨”的观点，在月子餐中添加一些补肾的食材。

第三阶段（第三周）：滋养泌乳　补中益气

这个阶段，新妈妈的身体状况已经逐步恢复，母乳质量也趋于稳定，调补重点在于滋养泌乳，补充元气。

饮食特点：食物的品种开始多样化，每天必须保证15～30种的食物摄入。这一时期必须保证食物中粗粮的摄入，以达到营养的全面均衡。同时，这个阶段的产妇可以适当进补了，大枣、阿胶、枸杞、人参等可以适当吃一些，但必须是在了解自己体质的前提下。

第四阶段（第四周）：滋养泌乳　改善体质

第四个阶段基本延续第三个阶段的食谱特点。这是新妈妈即将迈向正常生活的过渡期，体力、肠胃、精神都已恢复良好。到了这一周，千万别松懈，应该严格按照第四阶段计划来吃，才能巩固整个坐月子的成果。

下面，我会按照产妇体质和做月子时间，推荐相应的食谱。需要注意的是，这份食谱只是我个人使用的，仅供参考，还需要根据产妇的生活和饮食习惯具体把握。

第一周和第二周食谱，我按照寒性体质、热性体质和中性体质各给出一套，第三周和第四周由于产妇身体已基本恢复，所以并没有将饮食按体质分开，只给出一套食谱。

偏寒性体质：面色苍白，四肢冰冷，口淡不渴，大便稀软，尿频、量多、色淡，痰涎清，涕清稀，舌苔白，易感冒。

偏热性体质：面红目赤，怕热，四肢或手足心热，口干或口苦，大便干硬或便秘，痰涕黄稠，尿量少、色黄赤、味臭，舌苔黄或干，舌质红赤，易口破，皮肤易长痘疮或痔疮等症。

中性体质：没有偏热或者偏寒的症状，正常体质。

食谱一：第一周（寒性体质）

	8点	9点半	11点	12点	15点	17点	18点	20点
第一天	小米粥、原味蛋羹	通草丝瓜汤	木瓜大枣红豆汤	小米粥、菠菜蛋羹	麻油萝卜鸽子汤	枸杞红糖红豆汤	小白菜、鸽子汤烂面条	红豆汤、菜末蛋羹
第二天	桂圆小米粥，双色软炒蛋	通草丝瓜汤	海参燕窝汤	小米红枣粥、胡萝卜炒鸡蛋	虫草鸽子汤	红糖红枣薏仁水	油菜蛋羹、小米粥	木瓜鸡汤
第三天	红豆糯米粥、菜末蛋羹	通草丝瓜汤	红枣红豆汤	小米粥、海参青菜蛋羹	麻油竹荪鸽子汤	红糖桂圆红枣水	丝瓜软炒蛋、小米粥	黑芝麻糊
第四天	枸杞玉米楂粥、软蛋饼	通草丝瓜汤	香芋红豆汤	小白菜烂面条	麻油鲜菇鸽子汤	红糖红枣红豆汤	西兰花肉末、小米粥	牛奶、木瓜、煮蛋
第五天	桂圆小米粥、丝瓜软炒蛋	通草丝瓜汤	香蕉红糖水	烂面条、海参油菜	麻油金针鸽子汤	红糖红枣枸杞水	猪肝粥、肉末西兰花	豆浆、煮鸡蛋
第六天	黄豆海参油菜粥	通草鲫鱼汤	红枣燕窝汤	娃娃菜、肉末面叶	麻油枸杞鸽子汤	红糖核桃乳	山药肉末青菜、糯米粥	荷包蛋丝瓜汤
第七天	山药粥	通草鲫鱼汤	红豆水	海参青菜小米粥	鸽子汤	红糖花生乳	红枣桂圆糯米粥	烂面条

注：一般产妇在秋冬季需要热量较高，也可以参考上面这个食谱。

食谱二：第一周（热性体质）

	8点	9点半	11点	12点	15点	17点	18点	20点
第一天	小米稀粥、蛋羹	通草丝瓜汤	蒸香蕉	小米粥、鸡蛋羹、素炒菠菜	萝卜鸽子汤	红豆汤	菠菜面条	小米粥
第二天	小米稀粥、蛋羹	通草丝瓜汤	木瓜汤	小米粥、卷心菜番茄炒蛋	金针鸽子汤	薏米水	油菜、鸡蛋烂面条	黑芝麻糊
第三天	小米稀粥、蛋羹	通草丝瓜汤	香蕉红糖水	小米红枣莲子粥、海参炒蛋	虫草鸽子汤	红糖红豆汤	米粥、蛋羹、炒青菜	玉米糁红枣粥
第四天	山药玉米碴粥、煮蛋	通草丝瓜汤	木瓜燕窝羹	小米粥、海参炒小白菜	鲜菇鸽子汤	红糖红豆水	海参青菜面叶	红枣小米粥、煮蛋
第五天	小米粥、煮蛋	通草丝瓜汤	香蕉红豆汤	丝瓜、肉丝鸡蛋面	青笋鸽子汤	红糖薏米枸杞水	菜椒西红柿炒蛋	黑芝麻糊、蛋羹
第六天	黄豆花生糯米粥、煮蛋	通草鲫鱼汤	木瓜红豆汤	小米粥、海参油菜、蛋羹	丝瓜鸽子汤	红糖红豆汤	青菜肉末面	牛奶、蛋羹
第七天	小米山芋粥、煮蛋	通草鲫鱼汤	燕窝莲子汤	娃娃菜肉末海鲜面	竹荪鸽子汤	红糖薏米水	红豆糯米粥、蛋炒西红柿	豆浆、煮蛋

注：春季和夏季产妇需要饮食清淡点，一般产妇也可以参考这个食谱。

食谱三：第一周（中性体质）

	8点	9点半	11点	12点	15点	17点	18点	20点
第一天	小米粥、蛋羹	通草丝瓜汤	蒸香蕉	菠菜软面条	鸽子汤	枸杞红豆汤	小米粥、双色蔬菜蛋羹	红豆汤
第二天	小米粥、菜末蛋羹	通草丝瓜汤	蒸木瓜	小米粥、丝瓜炒蛋	鲜菇鸽子汤	红菇莲藕汤	丝瓜烂面条	小米粥
第三天	小米粥、枣泥蛋羹	通草丝瓜汤	蒸香蕉	菜叶烂面条	竹荪鸽子汤	红枣红豆水	小米粥、海参菜末蛋羹	黑芝麻糊
第四天	青菜软面条	通草丝瓜汤	蒸木瓜	丝瓜炒蛋、小米粥	枸杞鸽子汤	桂圆薏米水	西兰花肉末、小米粥	牛奶、煮蛋
第五天	桂圆小米粥、丝瓜炒蛋	通草丝瓜汤	木瓜燕窝	小米粥、海参油菜	萝卜鸽子汤	红糖花生乳	八宝粥、肉末鸡腿菇	豆浆、煮鸡蛋
第六天	黄豆花生粥	通草鲫鱼汤	红枣桂圆木瓜汤	娃娃菜肉末海鲜面叶	虫草鸽子汤	薏仁红糖水	红枣桂圆小米粥、丝瓜炒蛋	荷包蛋丝瓜汤
第七天	小米山药粥	通草鲫鱼汤	香蕉银耳汤	海参青菜馄饨	金针鸽子汤	桂圆核桃乳	青菜软面条	小米粥、煮蛋

食谱四：第二周食谱（寒性体质）

	8点		10点	11点	12点		15点	17点	18点		21点
	主食	副食	加餐	加餐	主食	副食	加餐	加餐	主食	副食	加餐
第一天	红糖百合桂圆粥、煮鸡蛋	海参蔬菜	萝卜排骨汤	木瓜燕窝粥	小米粥、花卷	红烧排骨、西兰花、丝瓜鲫鱼	香菇鸡汤	黄豆浆	馄饨	蚝油口蘑滑肉片、排骨汤	牛奶、煮蛋
第二天	红糖枸杞糯米粥、煮鸡蛋	山药牛肉丸	花生猪蹄汤	木瓜银耳粥	小米粥、蒸包	紫菜海鲜汤	番茄牛尾汤	黄豆浆	千层饼	香菇炖鸡肉丸、吉祥三彩	牛奶、小点心
第三天	红糖什锦八宝粥、煮鸡蛋	葱烧海参	海鲜豆腐汤	木瓜虾仁汤	小米粥、千层饼	番茄橄榄菜炒蛋、红烧肉	丝瓜鲫鱼汤	黄豆浆	鸡汤馄饨	清蒸鱼、香菇山药炒肉片	牛奶、荷包蛋
第四天	香芋红糖红豆粥、煮鸡蛋	虾仁炒蛋	鲫鱼豆腐汤	木瓜莲藕汤	小米粥、冠香馒头	甘蓝肉片、清蒸鱼	竹荪排骨汤	黄豆浆	软面条	番茄炒蛋、排骨汤	牛奶、黑芝麻糊
第五天	肉末野菜粥	山药珍珠	海参牛尾汤	木瓜蒸蛋羹	小米粥	茶树菇烧肉、虾仁小白菜	海带鸡翅汤	黄豆浆	软米饭	油菜鲍鱼、土豆胡萝卜猪蹄	牛奶、红豆蛋羹
第六天	南瓜饼、红糖红枣粥	虾皮萝卜丝	海带肘子汤	木瓜百合汤	小米粥	排骨炖豆腐、清炒芸豆、丝瓜鲫鱼汤	豆腐鲫鱼汤	黄豆浆	鸡汤馄饨	清蒸鱼、番茄炒蛋	牛奶、煮蛋
第七天	红糖黑米桂圆粥、玉米饼	素炒青笋	胡萝卜羊骨汤	木瓜鸡汤	小米粥	芦笋炒肉、番茄鸡蛋、烧鲳鱼	豆腐海鲜汤	黄豆浆	软米饭	大虾炖白菜、山药腰花	牛奶、枣泥蛋羹

食谱五：第二周（热性体质）

	8点		10点	11点	12点		15点	17点	18点		21点
	主食	副食	加餐	加餐	主食	副食	加餐	加餐	主食	副食	加餐
第一天	小米粥	番茄炒蛋	香菇鸡汤	米酒木瓜	八宝粥	茶树菇炒豆腐、萝卜鲫鱼汤	黄豆浆	红糖红豆汤	五谷饭	地三鲜、海参汤、清炒小白菜	牛奶、蔬菜蛋羹
第二天	绿豆南瓜粥	菠菜炒蛋	竹笋排骨汤	米酒香蕉	山药粥	番茄山药、丝瓜鲫鱼汤、豆腐油菜	黄豆浆	红糖花生乳	薏米饭	虾仁鸡蛋、蚝油生菜	牛奶、全麦面包
第三天	水晶馄饨	紫菜鸡汤	海鲜豆腐汤	米酒桂圆	八宝粥、冠香馒头	清蒸鸡翅、香菇油菜、冬瓜鲫鱼汤	黄豆浆	薏米汤	小米粥	肉炒橄榄菜、海参鸡汤	牛奶、煮蛋
第四天	海鲜金丝面	番茄绿甘蓝	鳕鱼汤	米酒红枣	十谷粥、全麦馒头	清蒸带鱼、蒜爆空心菜、双彩面叶	黄豆浆	红豆汤	小米粥	鸡蛋胡萝卜丝、蟹菇西兰花、紫菜汤	牛奶、燕麦片
第五天	小米粥、葱油饼	海参蛋花汤	冬笋萝卜猪蹄汤	米酒枸杞	糯米山药粥、麻香红糖包	三鲜烧猪蹄、素炒彩椒、紫菜海鲜汤	黄豆浆	核桃乳	水晶馄饨	清蒸鱼	牛奶、五谷面包
第六天	鸡蛋番茄面	番茄土豆丁	番茄牛骨汤	米酒蜜桃	肉末菜粥	海米茭白、番茄炒蛋、萝卜牛骨汤	黄豆浆	红枣山楂汤	小米粥	五彩海参山药、香菇鸡汤、素炒小白菜	牛奶、豆沙包
第七天	水晶馄饨	丝瓜炒蛋	冬瓜肘子汤	米酒苹果	肉末粥	白菜豆腐、清蒸鲳鱼	黄豆浆	薏米汤	小米粥	木耳炒青椒、番茄丝瓜虾仁炒蛋	牛奶、煮蛋

食谱六：第二周（中性体质）

	8点		10点	11点	12点		15点	17点	18点		21点
	主食	副食	加餐	加餐	主食	副食	加餐	加餐	主食	副食	加餐
第一天	小米粥	番茄炒蛋	虫草鸡汤	米酒木瓜蛋花汤	八宝粥	肉末鲜菇西兰花、豆腐鲫鱼汤、丝瓜炒蛋	黄豆浆	红糖薏米水	十谷粥	土豆烧鸡块、海参鸡汤、香菇油菜	牛奶、原味蛋羹
第二天	小米粥	虾茸胡萝卜丝	竹荪排骨汤	米酒香蕉蛋花汤	山药粥	彩椒蘑菇、丝瓜鲫鱼汤、红烧排骨	黄豆浆	红糖红豆水	薏米饭	番茄虾仁炒蛋、茶树菇炒豆腐	牛奶、青菜蛋羹
第三天	水晶馄饨	紫菜、鸡汤	海鲜豆腐汤	米酒桂圆蛋花汤	小米紫薯粥	清蒸鸡翅、香菇油菜、冬瓜鲫鱼汤	黄豆浆	红糖红枣枸杞水	玉米糙糯米饭	肉丝炒甘蓝、海带鸡汤、虾仁西兰花	牛奶、全麦面包
第四天	肉丝鸡蛋面	番茄绿甘蓝	鳕鱼汤	米酒红枣蛋花汤	小米绿豆南瓜粥	红烧带鱼、爆炒空心菜	黄豆浆	红糖花生乳	软米饭	蛋炒胡萝卜丝、青椒炒肉片、紫菜汤	牛奶、燕麦
第五天	小米粥、葱花鸡蛋饼	素炒小白菜	花生、黄豆猪蹄汤	米酒枸杞蛋花汤	肉末粥	红烧猪蹄、鸡腿菇炒山药、豆腐油菜	黄豆浆	桂圆红枣水	八宝饭	五彩山药、木耳炒油菜	牛奶、蛋糕
第六天	番茄鸡蛋面	海参鸡汤	牛骨汤	米酒蜜桃	十谷粥、小花卷	海米茭白、爆炒苋菜、虾仁炒蛋、烧牛骨	黄豆浆	红糖山楂水	五谷饭	清蒸鱼、脆皮豆腐、菠菜蛋花汤	牛奶、豆沙包
第七天	水晶馄饨	香菇油菜心	冬瓜肘子汤	米酒苹果	猪肝粥	蚝油生菜、清蒸鲳鱼、番茄紫菜汤	黄豆浆	红糖核桃乳	薏米饭	虾仁青椒炒蛋、豆腐烧肉、紫菜汤	牛奶、煮蛋

食谱七：第三周食谱

	8点		10点	11点	12点		15点	17点	18点		21点
	主食	副食	加餐	加餐	主食	副食	加餐	加餐	主食	副食	加餐
第一天	手擀鸡蛋面	菠菜炒肉丝	萝卜鲫鱼汤	原味鲫鱼汤	小米粥、牛肉饼	吉祥三彩、油菜鲍鱼、山药排骨汤	米酒什锦水果汤圆	黄豆浆	水晶馄饨	清蒸鱼、蚝油生菜、五彩藕丁	牛奶、糕点
第二天	南瓜饼、小米粥、米酒荷包蛋	虾皮胡萝卜丝	豆腐鲫鱼汤	花生大枣猪蹄汤	小米粥、金丝卷	红烧猪蹄、五彩山药、牛尾番茄汤	米酒什锦水果汤圆	黄豆浆	十谷粥、鸡蛋饼	葱爆海参、肉末西兰花、清蒸鱼	牛奶、红枣蛋羹
第三天	鸡汤水晶馄饨	鲍鱼油菜心	米酒木瓜汤	海带鸡翅汤	千层饼、米饭	牛肉烧土豆、蚝油生菜、豆腐鲫鱼汤	米酒什锦水果汤圆	黄豆浆	薏米饭、金丝卷	蛤蜊鸡蛋汤、红烧鱼、地三鲜	牛奶、全麦面包
第四天	八宝粥、糖包、煮蛋	葱烧海参	米酒桃子汤	丝瓜鲫鱼汤	杂面馒头、米饭	烧茄子、肉炒笋片、番茄炒蛋、虫草鸡汤	米酒什锦水果汤圆	黄豆浆	海参黄豆油菜粥、南瓜饼	豆腐小油菜、红烧牛骨、芙蓉玉盘	牛奶、虎皮蛋糕
第五天	土豆饼、三彩面耳	香菇油菜	米酒汤圆	萝卜牛骨汤	千层饼、小米粥	五彩海参山药、鸡蛋菠菜、紫菜蛋花汤	米酒什锦水果汤圆	黄豆浆	紫薯粥、冠香馒头	炖排骨山药、蚝油生菜、海带鸡翅汤	牛奶、黑芝麻糊
第六天	野菜海鲜疙瘩汤、鸡蛋饼	番茄山药	米酒枸杞汤	豆腐鲫鱼汤	米饭、冠香馒头	茶树菇烧五花肉、海参鸡汤、五彩海参	米酒什锦水果汤圆	黄豆浆	水晶馄饨	虾仁西兰花、红烧鸡块、双色山药条	牛奶、豆沙包
第七天	牛奶、虎皮蛋糕	蟹菇西兰花	米酒莲子汤圆	黄豆猪蹄汤	虾仁肉蒸包、米饭	野菜疙瘩汤、素炒小白菜	米酒什锦水果汤圆	黄豆浆	小米粥、千层饼	口蘑片炒肉、多彩藕丁、荷叶鸡汤	牛奶、油菜木耳蛋羹

食谱八：第四周食谱

	8点		10点	11点	12点		15点	17点	18点		21点
	主食	副食	加餐	加餐	主食	副食	加餐	加餐	主食	副食	加餐
第一天	肉丝炝锅面	素炒鸡腿菇	米酒香蕉	牛排汤	米饭、紫色烧麦	红烧土豆、蒜香排骨、素炒绿橄榄、紫菜汤	鲫鱼豆腐汤	豆浆、木瓜燕窝盅	花卷、小米粥	菠萝鸡肉片、海参油菜、地三鲜	牛奶、红糖蛋糕
第二天	五彩鸡蛋饼	香菇油菜心	米酒汤圆	香菇鸡汤	红色一品饺、米饭	海带鸡翅汤、烧鸡翅、豆腐娃娃菜、吉祥三彩	大全羊汤	五仁益智粥	玉米粥、糖包	竹笋炒肉、虾仁西兰花、清蒸鲍鱼	牛奶、桂花糯米糕
第三天	水晶馄饨	番茄山药	米酒桃子	海鲜豆腐汤	荷叶糯米蒸排骨	胡萝卜烧羊肉、素煸豆角、花生莲藕排骨汤	鲍鱼蘑菇汤	豆浆、桂花糯米藕	小米粥、豆沙包	葱爆海参、肉末西兰花、黄豆芽豆腐烧五花肉	牛奶、荞麦面包
第四天	海鲜卤子面	千层饼	米酒汤圆	番茄牛肉汤	冠香馒头、小米粥、米饭	海米冬瓜汤、牛肉烧土豆、素炒青菜	海带鸡汤	豆浆、酸甜橙味土豆泥	水晶馄饨	蚝油口蘑滑肉片、清蒸鱼翅	牛奶、米酒汤圆
第五天	香甜紫米粥	豆沙包	米酒桂圆大枣枸杞汤	竹荪排骨汤	米饭、蟹肉小饼	萝卜排骨、清蒸鱼、素炒青椒	黄豆银耳鲫鱼汤	豆浆、银耳莲子羹	五谷粥、糖包	豆腐大白菜、虾仁西兰花、蜜汁山药	牛奶、蛋羹、全麦面包
第六天	桂圆山药粥、土豆饼	丝瓜炒蛋	米酒莲子银耳	冬瓜肘子汤	米饭、冠顶蒸饺	鲜菇小白菜、紫菜虾皮鸡蛋汤、红烧肉	冬虫夏草鸡汤	五仁益智粥	番茄橄榄面叶	海参扒油菜、肉末蛋羹	牛奶、虎皮蛋糕
第七天	番茄鸡蛋面	清炒荷兰豆	米酒汤圆	山药排骨汤	牛肉炒饭、全麦馒头	四季豆炒山药、炒鸡肝、木须肉、猪蹄汤	海参笋菇汤	黄豆浆、沙司土豆泥	水晶馄饨	蚝油生菜、红烧鱼、五彩藕丁	牛奶、果酱蛋卷

第四章
月子餐精讲课（上）

1 精讲第一课

healthy FOOD 要让产妇吃上好食材

我喜欢做饭，我喜欢看和美食有关的电视节目。我知道，一顿饭做得好不好，除了和烹饪者的技术有关外，食材的质量高低有时候会起着决定性的作用。尤其在月子里，月子餐不仅要给产妇补养身体，还要促进产妇分泌乳汁，所以食材的选择就显得更加重要。

在精讲第一课里，我想先重点给大家介绍一下如何为产妇选购好食材。

粮油类的选购技巧

粮油类食品最好到有正规进货渠道的大商场、超市和粮油专卖店购买。买前要先看外包装是否标有生产厂家的厂名、厂址、生产日期、保质期和产品的生产标准。标志不齐全者要慎买。

名称	选购标准	说明
大米	优质大米色泽呈青白色或精白色，光泽油亮，呈半透明状。	一次购买数量不宜过多，春夏季买两周左右的用量，秋冬季可存放一个月左右。
面粉	看：看包装上厂名、生产日期、保质期、质量等级、面粉颜色。 闻：正常的面粉有麦香味。若有异味或霉味，则为添加过增白剂或超过保质期。	做馒头、面条、饺子等要用中高筋力、有一定的延展性、色泽好的面粉；制作点心、饼干及烫面制品可选用筋力较低的面粉。
食用油	颜色浅、透明度高的油为品质好。豆油呈深黄色，花生油呈淡黄色，香油为棕红色，菜籽油为棕褐色。	看商标处的生产日期和保质期。食用油的保质期一般为1年，不要买过期的食用油。

大米巧防潮：用500克干海带与15千克大米共同储存，可以防潮，海带拿出后仍可食用。

蔬菜类的选购技巧

名称	选购标准
芹菜	叶绿、梗嫩，轻轻一折即断。如折不断、叶蔫，则不新鲜。
绿豆芽	芽色泽银白，饱满挺拔，折之断裂有声。如豆粒发蓝、根短或无根，将一根豆芽折断，仔细观察，断面会有水分冒出，有的还残留有化肥的气味，这种豆芽是用化肥催熟的，对人体健康有害。
菜花	洁白、无黑斑，包叶暗绿并有一层暗霜。
番茄	颜色呈红色，光亮，表面光滑，无斑点。
黄瓜	顶花带刺，色泽碧绿。
土豆	个大、圆滑、有光泽，没有伤痕和凹凸不平的情况。发芽发青的土豆含有毒素，不能食用。
莲藕	质嫩，藕节粗、长，表面光滑，没有伤痕，色泽灰白。
萝卜	饱满结实，色泽光亮。
蘑菇	朵白、根短、手感较轻。手感重，则已加水，不宜存放。也可用手轻轻挤一下蘑菇朵，如有水分溢出，说明在蘑菇中加水。

选购蔬菜首先要看蔬菜是否鲜嫩；其次要看蔬菜是否光亮；再次要看蔬菜水分是否充足；同时还要看蔬菜表面是否有破损。

水产类的选购技巧

名称	选购标准	说明
鱼类	体表清洁有光泽，黏液少，鳞片完整，紧贴鱼身；鳃呈鲜红色，鳃丝清晰；眼球饱满突出；肌肉坚实有弹性。	鱼体有腥味，鱼鳞色泽灰暗、松动易掉，鱼眼浑浊，鱼身有黏液的鱼品质不佳；鱼体有陈腐味或臭味，质量最差，不宜食用。

（续表）

名称	选购标准	说明
虾类	头尾完整，有一定弯度，腿须齐全，虾身较挺，皮壳发亮，呈青白色，肉质坚实。	不新鲜的虾头尾易脱落，皮壳发暗，虾体变红或呈灰紫色，肉质松软。
蟹类	蟹腿肉坚实肥壮，脐部饱满，行动灵活，瓷青壳，白腹、金毛者为上品。	腿肉松空，瘦小，背壳呈暗红色，肉质松软，分量较轻的是不新鲜的蟹。
甲鱼	背部呈青黑色，腹白，肉质较嫩，味美。	死甲鱼因含有组胺，有毒性，不能食用。

阳光小贴士

灌水鱼的检测：这种鱼一般肚子较大，如果将鱼提起，会发现鱼肛门下方两侧突出下垂，若用小手指插入肛门旋转两下，水分立即流出。

识别农药毒死的鱼：农药毒死的鱼，其胸鳍是张开的，并且很硬，嘴巴紧闭，不易拉开；鱼鳃的颜色呈深红色或黑褐色；苍蝇很少去叮咬。这种鱼除腥味外，还有其他异味，如煤油味、氨水味、硫磺味、大蒜味等。

畜禽类（猪、牛、羊、鸡肉）的选购技巧

名称	选购标准
猪肉	新鲜的猪肉表面为淡玫瑰色，切面为红色，有光泽，肉质透明、不发粘。手指按上有弹性，肉膘白，具有新鲜肉的正常气味。
生鸡	活鸡：鸡冠挺直鲜红，鸡毛整齐滑润，肛门清洁、干燥、呈现微红色，胃里没有沙石。 白条鸡（光鸡）：新鲜鸡表皮呈乳白色或奶油色，肌肉有较好的弹性，眼珠充满眼窝。 活着宰杀的鸡，切面一般不平整，周围组织被血液浸润，呈现红色。否则即为死杀。

（续表）

名称	选购标准
牛肉	黄牛肉：呈大红色，肉纤维细嫩，脂肪呈黄色。 水牛肉：呈紫红色，肉纤维粗老，脂肪呈白色。 黄牛肉较水牛肉质嫩，味鲜，膻味小。
羊肉	山羊肉：色较淡，纤维粗老，皮下脂肪稀少，腹部脂肪多，肉质不如绵羊肥。 绵羊肉：色暗红，纤维细嫩，皮下和肌肉稍有脂肪夹杂，肉质肥嫩。

在购买鲜肉时，可用一张纸附在肉面上，用手轻拍数下，如渗出水，则此肉为注水肉，应避免购买。

蛋类的选购技巧

鸡蛋的鉴别有以下几种方法：

（1）摸：鲜蛋表面粗糙，手感发沉、发涩。

（2）看：鲜蛋表面清洁，有一层暗霜似的粉末，一般质量差的蛋表面颜色发暗。

（3）闻：用鼻子闻一下，若是鲜蛋则没有异味。

（4）听：用手握住鸡蛋，轻轻摇动，鲜蛋没有震荡声；摇动时响声明显，则说明不新鲜。

（5）照：把鸡蛋对着太阳或灯光照射，鲜蛋呈半透明，蛋黄轮廓清晰，无斑点，空间极小；发暗或有污点的蛋不新鲜。

阳光小贴士

鲜蛋与葱、姜不宜一起存放，因为蛋壳上有许多小气孔，葱、姜的强烈气味会钻入气孔内，加速鲜蛋的变质，时间稍长，蛋就会发臭。鲜蛋的保质期最好不超过10天。

2

精讲第二课

healthy FOOD

熬好香滑小米粥

小米粥，产妇月子里最传统的一种吃食，中国家庭中最常见的粥品。

小米粥为啥这么受青睐？

小米中蛋白质、脂肪、碳水化合物这几种主要营养素含量很高，而且由于通常无需精制，因此保存了较多的营养素和矿物质，其中维生素B1的含量是大米的几倍，小米的淀粉含量高约70%，是一种能量食物，是产妇、幼儿及老人的滋补佳品。

您会说了，简单的小米粥还有做不好的吗？

说实话，很多人熬出的小米粥，在我看来都没能充分发挥出它的美味和营养。

下面咱们就聊聊怎么熬好月子里产妇最常吃的粥品——小米粥。

食材

小米、水。

选择食材很重要。下面我给大家介绍几条自己的小经验：

（1）优质小米米粒大小、颜色均匀，呈乳白色、黄色或金黄色，有光泽。

（2）很少有碎米，无虫，无杂质。

（3）取少量待测小米放于软白纸上，用嘴哈气使其润湿，然后用纸捻搓小米数次，观察纸上是否有轻微的黄色，如有黄色，说明待测小米中染有黄色素。另外，也可将少量待测小米加水润湿，观察水的颜色变化，如有轻微的黄色，说明掺有黄色素。

（4）优质小米闻起来清香而无其他异味，尝起来味佳，微甜；劣质小米尝起来无味或微有苦味、涩味及其他不良滋味。

当然，好食材只是煮制香黏可口的小米粥的一个要素，如果煮制方法不正确，不仅口感大打折扣，还会影响营养成分的吸收和摄入。

下面，讲讲小米粥的煮制过程。

制作方法

米与水的比例是1：30，即50克米加1500克水。

＊扫图片，看视频，跟我学做月子餐

将水放入锅中，烧至即将开锅时，取小米用凉水淘洗三遍，将淘洗干净的小米倒入烧开的水中。

用大灶火煮2分钟后改用中灶火煮5分钟，再改为小灶火煮10分钟，小米粥就恰到好处了。

1. 大灶火入锅，小米遇到高温其淀粉和蛋白不致流失，使得煮出的小米粥凝香而不散。

2. 改为中灶火，一是防止小米粥在煮制过程中外溢；二是充分煮制出小米的内在营养素。

3. 最后改小灶火的目的是将小米粥的黏稠度调整到最佳状态，使之具有黏香可口的口感。

刘大姐讲故事

月子里，有一位产妇妈妈给女儿煮的小米粥女儿就是不喝。怎样能让女儿接受小米粥成了她的心事，求助我来开导产妇。

小米是精心挑选的好小米，又是用泉水煮制的，咋能不好喝呢？当我揭开小米粥的锅盖时，瞬时找到了原因：小米粥散而不黏，散散地泡混在一起。

我按自己的方法为产妇精心煮了一碗小米粥，盛在精致的小碗中。本来有抗拒心理的的产妇一看，眼睛闪出亮光，那镶着银边的青瓷碗，映着金黄色糯糯的米粥，漂亮极了！不需要我劝说半句她就主动喝起来，边喝边说“嗯，好喝，真好喝……”产妇妈妈喜笑颜开：“刘阿姨，一样的米，一样的灶，你煮的小米粥咋这么好喝呢？一定要把‘真经’传给我啊！”

1. 淘米时不要用手搓，忌长时间浸泡或用热水淘。
2. 水煮开后再下米。
3. 大灶火煮制，不要用小灶火焖制。
4. 掌握适宜的时间。时间过短，小米粥不粘，营养不充分，口感也不好。
5. 掌握好水和米的比例。月子餐第一周，小米粥是主餐，太稀薄了，热量不足；太稠了，又不能补充产乳需求的水量，且口感过于黏稠不易下咽，影响食欲。
6. 优质的食材选择才能保证好的营养和口感。

3

精讲第三课

healthy FOOD

月子餐里的“高大上”

——海参、鲍鱼、燕窝、虫草

海参是一种典型的高蛋白、低脂肪、低胆固醇食物。加上其肉质细嫩，易于消化，所以非常适宜产妇食用。

可有些产妇，捏着鼻子也吃不下海参，怎么办？

我来教教您！

如何选购和鉴别海参

购买海参时，主要要看海参的肉质和含盐量。参刺排列均匀、肉质肥厚、含盐量低的为上品。如果体形歪曲干瘪，则说明此海参捕捞已久，易被微生物污染而造成质量问题。好的海参参刺粗壮而挺拔，也就是俗称的短、粗、胖，而劣质海参参刺则长而尖细。

同时，海参的弹性很重要。用手感知海参是最直接准确的挑选方法。好的海参手感特别好，有弹性；而那些质量不高的海参摸起来发软，缺乏弹性。

海参的“头数”是指每斤能称多少个海参。理论上，海参是越大越好，生长周期长，营养价值高。不过，不同规格的海参营养价值相差多少并没有科学的理论依据。我认为，海参的选择要根据个人的实际情况来论，一般30～50头1斤的干海参为上等海参；80～120头的为中等海参；150～200头的为最普通的海参。

海参的发制过程

干海参：将密封容器消毒洗净，放入海参，倒入纯净水没过海参，4℃密封储存，每天换水两次即可。泡发24小时后去内脏，开水煮5分钟，捞出自然凉透，再次倒入纯净水，置放在冰箱冷藏室。3～7天为食用最佳时期，超过10天就用保鲜膜或保鲜袋密封起来冷冻，随时食用。

鲜海参：开水煮制2分钟，捞出，冲凉，去内脏沙砾，清洗干净后放在高压锅中压制10分钟即可。

刘大姐讲故事

随着人们生活水平的提高，自怀孕起，海参就成了孕妇餐桌上的“熟客”。我经常看到这种情况：当孕妈妈分娩后，对海参的认可和接受逐渐变成了负担和排斥。

记得有一位产妇，刚开始我给她做海参，她还勉强吃几口，两次过后就彻底不吃了。怎么办？我动起了心思：

第二天，我把海参切碎放在面条里，产妇只吃面条，把海参剩在碗底……

第三天，我把海参切碎蒸到蛋羹里，她勉强吃了两口就不吃了，说只要看见就没胃口。

这可如何是好？我晚上冥思苦想不能入睡。一个闪念跳出：把海参用蒜臼捣成泥！

来到用户家后，我用这种方法把海参泥蒸进了蛋羹，产妇一改往日的愁眉苦脸，高高兴兴地吃光了，把家人高兴得直乐：“刘阿姨真有办法！”

我为这个“创举”感到很高兴。不仅让产妇吃上海参，让宝宝享用营养丰富的乳汁，而且这个吃法比原来整个咀嚼更利于人体对海参的充分吸收和消化。这个方法，我不仅把它应用在后来的工作中，还把它介绍给其他月嫂伙伴，和大家一起分享。

海参双色蛋羹

食　材

海参半个，胡萝卜2片（其中一片据蒸碗直径削成隔断模样，另一片切碎末），菠菜心1棵，山鸡蛋2个，红枣半个，枸杞适量，生抽或盐少许。

制作方法

1. 将泡发好的海参切成碎丁，用蒜臼将每一小块海参捣碎成泥。

2. 将胡萝卜、菠菜心分别洗净，切碎待用。

3. 将山鸡蛋2个取蛋液放入碗中，加入海参泥搅拌均匀待用。

4. 蒸锅加水1000毫升，放上篦子，选择易导热的隔层蒸碗，蒸碗内涂上黑麻油（防止蛋液粘在盘壁上不易清刷）。烧开后，将打好的蛋液分别倒入锅中的碗内，碗上盖盘。蒸至3分钟，蛋液呈半固体时，蒸碗中间加入事先削好的胡萝卜片做隔断。隔断一侧撒上菠菜碎末，点入生抽或盐，另一侧撒入红枣末、胡萝卜碎末、枸杞等。

5. 盖上锅盖，蒸5分钟左右，淋上香油即可食用。

食用时间

适宜坐月子期间食用。

阳光小贴士

海参与小米同食的营养价值最高，如果再配上赖氨酸较高的黄豆类食品那将是上佳的黄金搭档。下面这道黄豆海参油菜粥，咸香糯软，营养丰富，深受产妇的喜爱。

黄豆海参油菜粥

食材

黄豆25克，海参1个，油菜心2棵，糯米25克，糙米25克，葱，姜。

制作方法

1. 取干黄豆25克，洗净泡发（夏天2～4小时，冬天6～12小时）。

2. 取泡发好的海参一个，切成碎丁（不喜欢食用海参的产妇，可参考前面海参泥的制作方法）。

3. 油菜心两棵，洗净切碎，备好5克葱姜末待用。

4. 锅中加水2000克，开锅时，将糯米25克、糙米25克同海参、黄豆、葱姜一起放入锅中，大灶火煮3分钟，转小灶火煮15分钟。最后放少许盐（约1克）即可食用。如果第二周食用的产妇，可将煮粥时间加长30～40分钟，用高压锅效果更好。最后放入油菜，再开锅3～5分钟即可。

食用时间

产后第二周起即可食用。

五彩海参山药

食　材

泡发海参（或鲜海参）2只，基围虾7只，山药100克，彩椒5～7片，盐，食用油，葱，姜，蒜末。

制作方法

1. 将海参热水焯后，斜切菱形待用。

2. 基围虾去壳洗净，用淀粉抓捏好。锅中加水烧制六成热，将基围虾仁下锅水滑。开锅后捞出待用。

3. 山药刮皮洗净，切成3毫米厚的菱形块后迅速放入淡盐水中。

4. 将红绿彩椒洗净，切菱形块待用。

5. 备葱末、姜粒、蒜米。炒勺中加油烧热，烹葱姜，放入山药煸炒至八成熟。将海参、基围虾仁、彩椒、蒜米放入，煸炒数秒即可起锅食用。

食用时间

产妇分娩后第二周起即可食用。

阳光小贴士

1. 海参发透；基围虾水滑。

2. 山药打皮洗净后，立即切片放入事先准备好的淡盐水中浸泡待用，防止发黑。

3. 为了防止彩椒维生素C的流失，不宜过分高温煸炒。

4. 山药虽然营养丰富，但易生燥，不利润肠通便，所以第一周肠胃消化功能较弱期不宜食用；基围虾有易发性，因而在第一周也不宜食用。

葱油海参

食　材

水发海参1只，大葱1段（7～8厘米），食用油，鸡汤，葱油，湿玉米淀粉，料酒，蚝油，白糖，生抽，食盐。

制作方法

1. 将泡发好的海参冲洗待用；大葱段洗净，码在盘中待装饰用。

2. 在大葱段一端2/3处顺段方向切丝。炒锅置于旺火上，倒入食用油，烧至八成热时加入葱段炸成金黄色，取出。

3. 碗中加入鸡汤、料酒、蚝油、白糖和酱油适量，搅拌均匀，放入炸好的葱段和备好的海参，上屉旺火蒸2分钟后取出盛盘。

4. 另起锅倒油，加糖炒至枣红色，加入料酒、鸡汤、酱油、蚝油、盐、葱油和味精，最后勾芡，倒在码好的海参和葱段上。

阳光小贴士　1. 芡汁下锅后，稍等三四秒钟，再将其搅匀，使之糊化，形成明汁亮芡。

2. 葱油做法：

油温烧至六成热，再加入葱段、蒜片、姜片，炸成金黄色后，将原料捞出，余油即为葱油。

食用时间

产妇生产5天后。

随着生活水平的提高，除了海参，产妇家庭中还经常会出现一些“高大上”的食材，比如鲍鱼、燕窝、虫草等。和这些食材相关的食谱，我也给大家介绍几个。

翡翠鲍鱼

食　材

鲜鲍鱼1个，油菜心2棵，鲍鱼汁，食用油，盐，葱，姜。

制作方法

1. 用食品刷将鲜鲍鱼刷净。

2. 锅中加水放入鲍鱼，打开中灶火烧开，至鲍鱼开口捞出。

3. 取出鲍鱼肉，片成薄片待用。

4. 锅中加水烧开焯油菜心，摆盘。

5. 将成片的鲍鱼摆在油菜心上。

6. 加少许油烹鲍鱼汁，浇在鲍鱼上。

阳光小贴士　一定把鲍鱼切成薄片。

1. 为产妇制作鲍鱼，首先要考虑咀嚼的问题，因产妇的体质特殊，咀嚼整个鲍鱼不利于牙齿的保护。

2. 消化系统也是产褥期护理应注意的问题。吃食整个鲍鱼难以咀嚼充分，不利于营养的吸收。

食用时间

特别适合产妇分娩后前2周食用。

清蒸鲍鱼

食　材

鲍鱼1个，姜，生抽（或盐），料酒。

制作方法

1. 将鲜鲍鱼刷净。

2. 锅中加水放入鲍鱼，打开中灶火烧开，至鲍鱼开口捞出。

3. 取出鲍鱼肉，在鲍鱼上划菱形花刀（或排型花刀），待用。

4. 浇上姜末、生抽、料酒调成的汁，上锅蒸10分钟左右（按鲍鱼的大小而掌握时间长短）。

食用时间

产妇分娩后第六天即可食用。

燕窝海参汤

食　　材

海参1个，燕窝半个，黄瓜头1寸，鸡蛋1个，盐。

制作方法

1. 将燕窝浸泡于纯净水中，密封，置放在冰箱冷藏室泡发12小时，待用；取泡发好的海参，洗净，待用。

2. 将黄瓜头从中间顺切开，切薄片；鸡蛋去壳留蛋液在碗中，搅打均匀，待用。

3. 锅中加水（或鸡汤等），海参切片，连同泡发好的燕窝一同放入汤中煮制，开锅3分钟后打入蛋花，放入盐和黄瓜片，滴上香油即可食用了。

食用时间

产妇分娩1周后食用。

冬虫夏草能调节人体内分泌，促进体内新陈代谢，迅速恢复机体功能，具有极好的抗疲劳作用。下面介绍一个虫草食谱。

虫草鸽子汤

食　　材

鸽子1只，鸡腿菇100克，虫草3只，老姜2片，葱1段，水1000毫升。

制作方法

1. 取已宰割处理干净的鸽子一只，浸泡在水中20分钟左右，泡出血水，切块待煮。

2. 取水500毫升，将3只虫草泡发4小时待用。

3. 鸡腿菇洗净、切片，焯热水待用。

4. 取砂锅或电煲锅一只，加水1000毫升，放入待煮的鸽子块，大灶火烧开，改中灶火煮10分钟。

5. 用过滤勺滤除锅中凝血漂浮物，也可将漏勺上面铺一层纱布，将凝血漂浮物滤除，即可食用。

食用时间

产妇全月均可食用，第一周为最佳时间。

阳光小贴士

1. 切记不要把泡冬虫夏草的水倒掉，一定要加在汤中一起煮。

2. 用砂锅或不锈钢锅。

3. 用过滤网去除漂浮物。

4. 洗净的鸽子直接煮制，不用氽制。

5. 开锅煮汤去除自然水中的有害物质。

4

精讲第四课

鱼汤熬制及鱼籽处理

healthy FOOD

鱼汤是产妇在月子里通常会选择食用的一种催乳滋补汤水。一般来说，我们可以选择鲫鱼、鲤鱼和黑鱼作为食材。在我国南方和北方家庭，对鱼汤的制作要求是有差异的。北方要求口味鲜香，色泽浓白；南方要求口味清香，色泽清澈。那么问题来了，熬制鱼汤时要白汤还是清汤？要南方做法还是北方做法？这在一些家庭中甚至成为矛盾的起因。

制作鱼汤剩下的鱼籽又该怎么处理？

在这堂课里，我就来教教大家怎么熬制鱼汤和处理鱼籽。

刘大姐讲故事

我曾经服务的一个客户，宝宝爸爸是南方人，宝宝姥姥是北方人。在制作鱼汤时，因南北饮食习惯不一样，所以制作要求不同。孩子姥姥喜欢把汤水熬得白白浓浓的，但作为南方人的宝宝爸爸讲究的则是汤要清、味要鲜。

再进入类似家庭，我都会先征求多方意见，并针对南北方的不同饮食习惯对月子餐的制作进行调整，等家庭成员意见基本一致后再着手制作。

阳光小贴士

熬制鱼汤有两个小窍门：“低温出鲜、高温出香”。“低温出鲜”是用小灶火低慢火（2~4小时）加工煮制出来的汤，其特点是味道极鲜；“高温出香”是用大灶火高温大火加工煮制出来的汤，其特点是香味浓醇。

下面，我为大家提供一个催奶的鱼汤食谱：

丝瓜通草鲫鱼汤

食　材

鲫鱼1条，通草12克，丝瓜半根，食用油，葱2段，姜5～7片。

制作方法一（北方口味）

1. 取通草1包（12克左右），水1500克，放进沙锅中浸泡20分钟待煎。

2. 上灶火开锅后，小灶火煮20分钟，滤出通草，待用。

3. 取1000克热水倒入砂锅中，开锅后小灶火煮通草水20分钟。滤除通草，与第一次煮的通草水倒入一起待用。

4. 取鲜丝瓜半根，打皮，洗净，切成滚刀块形状，待用。

5. 取活鲫鱼1条（约6～8两重），去鳞，去腮，去内脏（留下鱼泡，用针扎破，洗净），洗净待用。

6. 把炒锅烧热，放入姜片擦锅（以防煎鱼时鱼皮脱落），倒入黑麻油。烧制七成热时，鲫鱼入锅煎制两面，呈微黄色时，倒入热通草水，加入葱、姜、丝瓜、鱼泡，大灶火煮开后10分钟即可食用。

食用时间

产妇全月皆可食用。

制作方法二（南方口味）

1. 通草水制作同方法一。

2. 将洗净的鱼放入砂锅中，倒入通草水，小灶火煲制2小时左右即可食用。

食用时间

产妇全月皆可食用。

＊扫图片，看视频，跟我学做月子餐

阳光小贴士　通草是催乳的好东西。大家可以遵医嘱到中药店购买。一次购买3～5天的量，每天12克左右。

通草的其他使用方法：

1. 用通草水冲红糖当水饮用。

2. 用通草水煮小米粥。

3. 用通草水煮河鱼汤、鸡汤、鸽子汤均可。

应该说，鲫鱼汤是月子餐中催乳进补的上品，产妇每天最好喝1～2次。

有了鲫鱼汤的需求，就有了鲫鱼籽的出现。鲫鱼籽有很高的营养价值，含有卵清蛋白、球蛋白、卵类粘蛋白和鱼卵鳞蛋白等人体所需的营养成分。虽然鱼籽有这么高的营养价值，但由于缺少好的烹饪方式，很多时候只能被扔掉。

炖了鱼汤却扔了鱼籽，我可舍不得。我要想办法让产妇吃下营养丰富的鱼籽。这个办法就是给鱼汤配一份用鱼籽做的味道鲜香的“蟹肉小饼”。

蟹肉小饼

食　材

鱼籽1份，与鱼籽几乎同量的葱，鸡蛋2个，姜，盐，醋，烹调油，料酒。

制作方法

1. 将葱、姜分别洗净、切碎。

2. 将鱼籽抓碎放在碗中待用。

3. 取蛋液放入盛有鱼籽的碗中，再倒入葱姜碎末、料酒，加盐一起搅拌均匀待炒。

4. 炒锅中加油烧热，烹醋出香味，倒入搅拌好的鱼籽蛋液翻炒。

5. 待10分钟左右出锅（如果不是产妇吃，最后还可撒上蒜苔末略加翻炒，味道更加鲜美）。

6. 夹入烫面小饼或发面小饼内，即可食用。

食用时间

月子后半个月可食用。

阳光小贴士

1. 在加工鱼籽过程中可以滴点儿醋，鱼腥味会变成蟹肉味哦！

2. 做月子期间孕妇的牙齿不宜用力咀嚼，建议搭配烫面小饼或发面小饼。

5

精讲第五课

healthy FOOD

料理猪肝

猪肝也是月子餐里的常见食材。它有催乳养肝、代谢排毒和退除新生儿黄疸的作用。猪肝汤、猪肝粥、麻油炒猪肝，都是很适合产妇分娩后吃的。

先来说说食材的挑选。一定要选购鲜红色、有光泽的猪肝，这表示它的新鲜程度比较高。

怎么处理猪肝呢？先将猪肝大块洗干净，再用水泡半小时。用盐搓洗三次，搓一次冲洗一次，直到再怎么洗都不会出现杂质，洗最后一遍的时候，水里倒点白醋。处理完毕后，分块（每块约100克左右），裹上保鲜膜，冷冻储藏待用。

下面介绍几种我在月子餐中常用的猪肝食谱。

＊扫图片，看视频，跟我学做月子餐

麻油通草猪肝汤

食 材

通草12克左右，鲜猪肝100克，菠菜心3棵，黑麻油15毫升，老姜，料酒，水。

制作方法

1. 先将通草水煎制好（方法同前）。

2. 将洗好的猪肝切片（3毫米厚），焯水至变色，取出冲凉待用。

3. 将菠菜心用开水烫一下，可除去80%的草酸，冲凉待用。

4. 另起锅，热锅后倒入黑麻油，文火爆姜片至金黄色。转大火，放入猪肝快炒。加通草水200毫升烧开后，放入菠菜，开锅即可食用。

食用时间

月子前半个月，第一周食用最佳。

猪肝粥

食　材

猪肝50克，薏仁20克，黄豆20克，糯米50克，盐。

食用时间

月子前半个月可食用。

制作方法

1. 薏仁、黄豆加水泡2个小时。

2. 将猪肝洗净，切丁，焯水冲凉待用；糯米淘洗干净待用。

3. 将泡好的薏仁、黄豆及猪肝、糯米等食料加盖，大火煮开后转小火煮40分钟左右，即可食用。以高压锅煮制效果更好。

阳光小贴士　分娩后初期，产妇往往气血两虚，剖腹产和顺产的妈妈都可以喝猪肝粥，其效果为养肝、补血、壮骨，对吃母乳的新生儿退黄疸也有帮助。

＊扫图片，看视频，跟我学做月子餐

麻油炒猪肝

食　材

猪肝200克，胡萝卜3～5片，青椒半个，木耳，姜5～7片，生抽，黑麻油。

食用时间

月子前半个月食用。

制作方法

1. 鲜猪肝洗净，水中浸泡半小时以上，泡好后将猪肝切片（约2毫米厚），过热水焯烫变色后，用水冲凉待用。

2. 黑麻油入锅，开小灶火。放入姜片低温炸至褐黄色。

3. 转大灶火放入胡萝卜煸炒，再放猪肝煸炒，依次放入木耳、青椒，生抽、盐、料酒，略加煸炒即可熄火盛盘，趁热食用。

＊扫图片，看视频，跟我学做月子餐

1. 猪肝补血效果尤其好，但猪肝中胆固醇含量也比较高，100克猪肝中含胆固醇368毫克。想吃猪肝，又不想胆固醇过高，搭配豆制品一起吃是个好办法。大豆中丰富的不饱和脂肪酸能促进体内胆固醇代谢，降低血清中的胆固醇含量，防止脂质在肝脏和动脉壁沉积。

2. 如果对猪肝的味道不能接受，可以把上面两个食谱中的猪肝替换成鸡肝，一则鸡肝的质地比较细腻，咀嚼起来不粗糙，腥味也比较小；二则月子里也要经常喝鸡汤，作为现成的材料，鸡肝不用单独购买。

3. 吃猪肝不可一味贪图嫩滑，一定要做熟再吃，不然会存活很多细菌。此外，爆炒猪肝的火候也很重要，火候过了，口感发硬，咀嚼起来发散；火候欠了，又会有腥味。这是两个需要特别注意的地方。

4. 麻油炒猪肝时，一定要用低温炸姜片，保证姜的有益成分完全释放出来，炸至黄金色，姜的两面皱起来即可，应避免高温产生毒素。

6

精讲第六课

healthy FOOD

百变鸡蛋羹

很多饭店招厨师，就考一道蛋炒饭！

有时候，最简单的食材却最能考验出一个厨师对于食材的了解和火候的掌握。

鸡蛋羹是很简单的一种鸡蛋烹饪方式，但要想做出爽滑细腻的感觉却并不容易。这堂课，我们来讲讲承载多种营养的百变鸡蛋羹。

刚刚分娩的产妇身体比较虚弱，饮食应以流质食物为主，不宜吃煮鸡蛋等易导致便秘的食物。但鸡蛋富含优质蛋白，是坐月子期间很好的营养食品。怎样才能使产妇既补充了营养又不会造成便秘，达到好消化、易吸收的效果呢？鸡蛋羹则是解决这一问题的法宝。

同时，由于鸡蛋羹里可以加入各种食材，如鸡肉、虾仁、鱼肉、猪肉等各种肉类，玉米、青豆、土豆、西红柿等各种蔬菜，所以，如果用心的话，鸡蛋羹简直可以做成一个能承载各种营养的“大杂烩”。

爽滑鸡蛋羹的制作要点

食　材

新鲜的山鸡蛋。

制作方法

1. 蛋液一定搅打均匀。

2. 用70℃～80℃的热水随倒随搅，打至蓬松。

3. 一定在蒸蛋羹之前先把盛放蒸蛋液的浅碗（在碗中涂黑麻油或橄榄油、核桃油，防止沾碗）蒸热。

4. 放入蛋液后一定要大火蒸制。这样蛋液受热快，保证蛋质蓬松，细腻软滑。

原味蛋羹

食　材

鸡蛋2个，盐，黑麻油（或橄榄油、核桃油均可）2～3滴。

制作方法

1. 取一蒸锅，加水1000毫升，放上蒸层。

2. 取一小碗（要求传热好，口大碗浅），涂上黑麻油（或橄榄油、核桃油等），放在蒸层内，开灶火。

3. 取2个生鸡蛋，去壳取液置放在碗中，加入少许盐，用力搅拌均匀。

4. 将70℃～80℃的热水140毫升冲拌在不断搅拌的蛋液中。

5. 将搅拌好的蛋液倒入已烧开锅的事先置放在锅内的碗中，碗口盖上小盘，再盖上锅盖。大灶火迅速蒸制5～8分钟即可。

食用时间

适合月子全月食用。

鸳鸯蛋羹

食　材

鸡蛋2个，火腿丁（胡萝卜丁也可）少许 ，枸杞5~7粒，红枣1个，菠菜心1棵，盐，黑麻油（或橄榄油、核桃油均可）2~3滴，胡萝卜片（据蒸碗直径大小切割好），生抽。

制作方法

1. 取一蒸锅，加水1000毫升，放上蒸层。

2. 将枸杞洗净，泡水待用；菠菜心洗净，切碎末待用；大枣去核，切碎洗净，浸泡待用。

3. 取碗1个，涂上黑麻油（或橄榄油、核桃油等），放在蒸层内，开灶火。

4. 取2个生鸡蛋，去壳取液置放在碗中，打搅均匀。

5. 将70℃~80℃的热水140毫升冲拌在不断搅拌的蛋液中。

6. 蛋液于锅中定型至七八成熟时，在碗中间插入准备好的胡萝卜切片，将菠菜心碎末撒在蒸碗一侧，再将红枣、枸杞撒在蒸碗另一侧，淋上黑麻油，菠菜一侧倒入少许生抽。碗口盖上小盘，再盖上锅盖。大灶火迅速蒸制5~8分钟即可。

食用时间

月子全月皆可食用。

* 扫图片，看视频，跟我学做月子餐

胡萝卜蛋羹

食　　材

胡萝卜2片，鸡蛋2个，橄榄油，盐，糖。

制作方法一

1. 将胡萝卜洗净，切条油炒，研碎成泥。

2. 鸡蛋去壳，取蛋液，倒入胡萝卜泥、少许盐和糖，搅拌均匀。

3. 依制作原味蛋羹的方法蒸制即可。

制作方法二

1. 将胡萝卜洗净，切条上蒸笼蒸熟，研碎成泥。

2. 鸡蛋去壳，取蛋液，倒入胡萝卜泥、少许盐和糖，搅拌均匀。

3. 依制作原味蛋羹的方法蒸制即可。

食用时间

月子全月皆可食用。

1. 为补充维生素A，要用油煸炒胡萝卜。

2. 如为防止便秘，可用水蒸煮胡萝卜。

芹菜蛋羹

食　材

芹菜30克，鸡蛋2个，盐。

制作方法

1. 芹菜洗净、切碎待用。

2. 鸡蛋去壳，取蛋液，倒入芹菜泥、少许盐，搅拌均匀。

3. 依制作原味蛋羹的方法蒸制即可。

食用时间

这款蛋羹维生素丰富，膳食纤维高，有利于通便，产妇可以全月食用，尤其适合在第一阶段食用。

菠菜蛋羹

食　材

菠菜心1棵，鸡蛋2个，盐。

制作方法

1. 菠菜洗净，焯热水，剁碎。

2. 放入2个鸡蛋，倒入碎菠菜，加少许盐，打匀上锅蒸，开锅5～8分钟。

3. 依制作原味蛋羹的方法蒸制即可。

食用时间

月子全月可食用。

海鲜蛋羹

食　材

蛤蜊2～3个，鸡蛋2个。

制作方法

1. 蛤蜊洗净，焯热水待用。

2. 鸡蛋去壳，取蛋液，倒入蛤蜊、少许盐，搅拌均匀，上笼蒸制5～8分钟。

3. 依制作原味蛋羹的方法蒸制即可。

食用时间

产妇坐月子第二周开始食用。

肉末蛋羹

食　材

生鲜猪肉20克，鲜鸡蛋2个，盐。

制作方法

1. 鲜肉剁成碎末待用。

2. 鸡蛋去壳，取蛋液，倒入鲜肉末、少许盐，搅拌均匀。

3. 依制作原味蛋羹的方法蒸制即可。

食用时间

产妇生产3天以后食用。

鸡肝蛋羹

食　材

鲜鸡肝30克，鸡蛋2个，菠菜叶，盐。

制作方法

1. 将鸡肝洗净切丁，焯熟，研末。

2. 菠菜洗净，焯水，切碎待用。

3. 鸡蛋去壳，取蛋液，倒入猪肝泥、菠菜泥、少许盐，搅拌均匀。

4. 依制作原味蛋羹的方法蒸制即可。

食用时间

月子全月可食用，第一阶段为最佳时期。

虾仁蒸蛋

食　材

虾仁3个，鸡蛋2个，香油，盐。

制作方法

1. 将鸡蛋打入碗中，加盐少许，轻轻搅打均匀，加入温水打至蓬松。

2. 虾仁洗净去虾线待用。

3. 将待用的鸡蛋盖上保鲜膜（或盖上小盘），入锅大火蒸制，鸡蛋羹微凝时，把虾仁撒在上面，继续蒸制，鸡蛋熟透，淋上香油就可以食用了。

食用时间

虾仁蒸蛋富含高蛋白，营养丰富，易消化，适合产妇分娩5天后食用。

7

精讲第七课 煮“喜蛋”

healthy FOOD

煮“喜蛋”是我国的传统习俗，谁家里生了娃娃，就会给亲朋好友送“喜蛋”，以示“喜事临门”，同享快乐。

煮鸡蛋是每个家庭再平常不过的事了，但面对成箱、成筐的鸡蛋需要煮时，却经常不知道如何是好。我给您讲个好玩的故事：

这是我曾经服务的一个家庭，爱妻生了个健康漂亮的小天使，女婿笑呵呵地对岳母说：“妈妈，今天中午我跟两个同事约好了来取喜蛋，帮我分给同事们。”岳母高兴地应许着，问：“煮多少？”女婿道：“每小袋10个”（寓意“十全十美”），共50袋。”

岳母犯了难。两个小时煮出500多个鸡蛋？女婿这是让我变魔术啊！

岳母大人绝对是智商强者，把家里的高压锅、电饭锅、炒锅、蒸锅全部翻了出来。有锅没灶也不行，又把全部的灶摆上阵：两个煤气灶，一个电磁灶，外加一个电源接线板（高压锅用），摆了满满的一灶台。

接下来开始煮喜蛋。每个锅里放10个生鸡蛋，加上大半锅凉水，煮一锅下来半小时，即使4个锅同时煮，加在一起总共40个。其中有3个煮破裂，净剩37个喜蛋。照这速度无论如何也完不成500个煮蛋的任务啊！急得岳母打转转。

我建议用我的煮蛋法来加工，岳母不放心，担心煮破裂了咋办？我肯定地说：“不会的。”

我仅用了80分钟就煮出500个喜蛋，大功告成！当岳母看到满目白花花贴着红“囍”字的鸡蛋时，乐得合不拢嘴，一个劲儿地夸：“谢谢！谢谢！刘老师，您可帮大忙了！”

想知道我是怎么煮的吗？下面，我就给您讲讲一次性煮制大量“囍”蛋的小窍门：

1. 将新鲜的鸡蛋在水中浸泡10分钟（冷藏鸡蛋浸泡15～20分钟）。

2. 取一小块纱布（或海绵布）擦洗鸡蛋外壳，再用清水将鸡蛋冲洗干净待煮。

1. 少加水。

2. 多放蛋。

不要加太多的水，煮蛋不怕枚数多。水多开锅时间就长；鸡蛋放得少，压不住水，鸡蛋随着开锅的水上下跳动反而更易破裂。

3. 将四口锅分别倒入700毫升的水，将生鸡蛋码摆在锅中，有多层蒸屉可摆满加层，然后上盖待蒸。开小灶火，开锅后改中灶火煮10分钟后关火，停2分钟取出即可。

4. 将“囍”字分别贴在煮熟的鸡蛋上就ok啦！

第五章 月子餐精讲课（中）

8

精讲第八课

healthy FOOD

猪蹄汤

对产妇来说，猪蹄是个好东西，富含胶原蛋白，具有促进乳汁分泌、提高产妇乳汁浓度的作用；另外，对产妇和宝宝的皮肤也都有好处。

这堂课，我给大家讲讲我常做的三种猪蹄汤：红皮花生猪蹄汤、无皮花生猪蹄汤、黄豆猪蹄汤。这三种猪蹄汤的配料各有不同功效：

红皮花生：补血。

无皮花生：生津，刺激肠胃蠕动，提高产妇产乳效率。

黄豆：富含植物蛋白，可以补充钙质。

红皮花生猪蹄汤

食　材

猪前蹄1只，花生米100克，葱，姜，水2500毫升。

制作方法

1. 取碗一只，放入花生米100克、水500克，泡发待用。

2. 用不锈钢叉将猪前蹄叉好，放在灶火上翻转烧烤，直至将猪前蹄的每个毛鬃孔的脂肪粒和毛发根燃烧掉（去除猪蹄毛囊里的腥腻味）。

3. 将猪蹄剁成6～8块，洗净。

4. 锅中加水、猪蹄。开灶火烧开，焯煮5分钟。捞出冲净待用。

5. 净锅加水2000毫升，倒入猪蹄，发好的花生米、葱段、姜块一起开灶火炖煮。开锅计1小时即可。

食用时间

产妇生产5天后食用。

黄豆猪蹄汤

食　材

猪前蹄1只，黄豆50克，葱，姜，水2500毫升。

制作方法

1. 取碗一只，放入黄豆50克、水500克，泡发待用。

2. 用不锈钢叉将猪前蹄叉好，放在灶火上翻转烧烤，直至将猪前蹄的每个毛鬃孔的脂肪粒和毛发根燃烧掉（去除猪蹄毛囊里的腥腻味）。

3. 将猪蹄剁成6～8块，洗净。

4. 锅中加水、猪蹄。开灶火烧开汆煮5分钟。捞出冲净待用。

5. 净锅加水2000毫升，倒入猪蹄，发好的黄豆、葱段、姜块一起开小灶火煮炖。开锅计1小时即可。

食用时间

更适合产妇产后第二周食用。

* 扫图片，看视频，跟我学做月子餐

无皮花生猪蹄汤

食　　材

猪前蹄1只，花生米100克，葱，姜，水2500毫升。

制作方法

1. 取碗一只，放入花生米100克、水500克，泡发2小时；将花生米的红皮剥掉，用蒜臼捣碎（或用食品加工机绞碎），待用。

2. 用不锈钢叉将猪前蹄叉好，放在灶火上翻转烧烤，直至将猪前蹄的每个毛鬃孔的脂肪粒和毛发根燃烧掉（去除猪蹄毛囊里的腥腻味）。

3. 将猪蹄剁成6～8块，洗净。

4. 锅中加水、猪蹄。开灶火烧开焯煮5分钟。捞出冲净待用。

5. 净锅加水2000毫升，倒入猪蹄、葱段、姜块一起开小灶火煮炖。开锅计1小时。

6. 倒入花生碎末（不要盖锅）煮3分钟即可食用。

食用时间

更适合产妇产后3～4周食用。

9

精讲第九课

healthy FOOD

鸡汤和鸽子汤

鸡汤也是月子餐必备食谱。

公鸡补虚温中，止血治崩，补虚损，对产妇产后体内虚寒和气血虚都有很好的疗效；它还可以补充催乳激素，助产乳，提高人体免疫力。

下面，我给大家介绍几款鸡汤的做法。

麻油公鸡汤

食　材

公鸡200克左右，笋，姜，葱，麻油，盐。

制作方法

1. 将笋洗净切段待用。

2. 公鸡清洗干净、切块，放在清水盆中浸泡2小时，捞出待用。

3. 锅中倒入麻油适量，炸姜片至金黄，加清水，倒入待用的鸡块。

4. 烧开后加入切好段的笋，大火烧开10分钟后，改小火慢煨30分钟。待鸡肉烂的时候加少许盐就可以出锅了。

食用时间

顺产产妇分娩后即可食用；剖宫产产妇排气后即可食用。

阳光小贴士

1. 不要一次煮过量的鸡汤。因为再次加热会造成鸡汤的营养流失；储藏过程也易造成新鲜度的下降。

2. 可加入时令蔬菜增加维生素的补充。尤其建议加几个香菇，可增加免疫力，调节肠道菌群，还有助于排便。

黄芪公鸡汤

食　材

黄芪15克，枸杞少许，大红枣1～3个，公鸡200克左右，生姜2片，葱1段，盐。

制作方法

1. 将公鸡洗净，氽烫、冲凉、切块，与红枣一起放锅内。

2. 加入清水，放入黄芪、红枣、枸杞、姜片、葱段，小火炖焖1小时后加盐，即可食用。

食用时间

黄芪公鸡汤宜在产妇生产7天后食用。

阳光小贴士　黄芪可补气健脾、益肺止汗、补虚固表，常用于治疗产后乳汁缺少和产后虚汗症。公鸡性味甘温，能温中健脾、补益气血。此汤适用产后体虚、面色发黄、乳汁过少、易出虚汗等症。

海带鸡翅汤

食　　材

水发海带250克，鸡翅6只，料酒，葱，姜，盐，水2000毫升。

食用时间

产妇生产5天后即可食用。

制作方法

1. 将海带洗净，切菱形待用。将鸡翅用温热水洗净切块。葱、姜洗净分别切片、切段。

2. 将水、鸡翅、海带、葱段、姜片、料酒加入锅中，用中灶火烧开10分钟，再改小灶火烧20分钟。根据个人口味，不加盐或加入少许盐即可食用。

阳光小贴士 海带是一种碱性食品，能补充身体需要的碘，促进人体对钙的吸收。在比较油腻的食物中加点海带，可减少脂肪在体内的积存。

有些地区，产妇在月子里习惯食用鸽子汤，下面我再向大家介绍一下鸽子汤的做法。

鸽子汤

食　材

鸽子1只，老姜2片，葱1段，水2000毫升。

制作方法

1. 取已宰割处理干净的鸽子一只，浸泡在水中20分钟左右，泡出血水，切块待煮。

2. 取砂锅，加水2000毫升，放入待煮的鸽子块，大灶火烧开，改中灶火煮10分钟。

3. 用过滤勺滤除锅中凝血漂浮物，也可将漏勺上面铺一层纱布将凝血漂浮物滤除。

4. 将葱、姜同时放入沙锅中，不要盖上锅盖，大灶火开锅后煮5分钟即可食用。

食用时间

月子期全月食用。

精讲第十课

百变月子粥

healthy FOOD

产妇生产后肠胃虚弱，细腻爽滑、容易吸收的粥类对产妇的身体恢复大有裨益。在第一堂精讲课里我给大家介绍了月子餐里最主要的粥类品种——小米粥，在这堂精讲课里，我再向大家介绍几种营养易学的粥品。

甜糯粥

食　材

糯米100克，龙眼肉30克，红糖。

制作方法

锅内加2000克水烧开，水中放糯米和龙眼肉同煮，开锅后转小火煮25分钟，关火加红糖搅拌后食用。

推荐理由

糯米性温，补中益气，还能增强胃肠的蠕动，预防便秘；桂圆性温，补心安神，养血益脾。

食用时间

适合产妇产后2～4周食用。

阳光小贴士

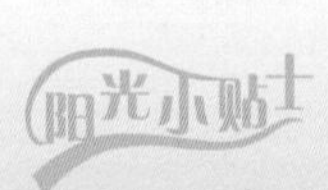

龙眼肉不宜多食，否则不易消化，容易上火。

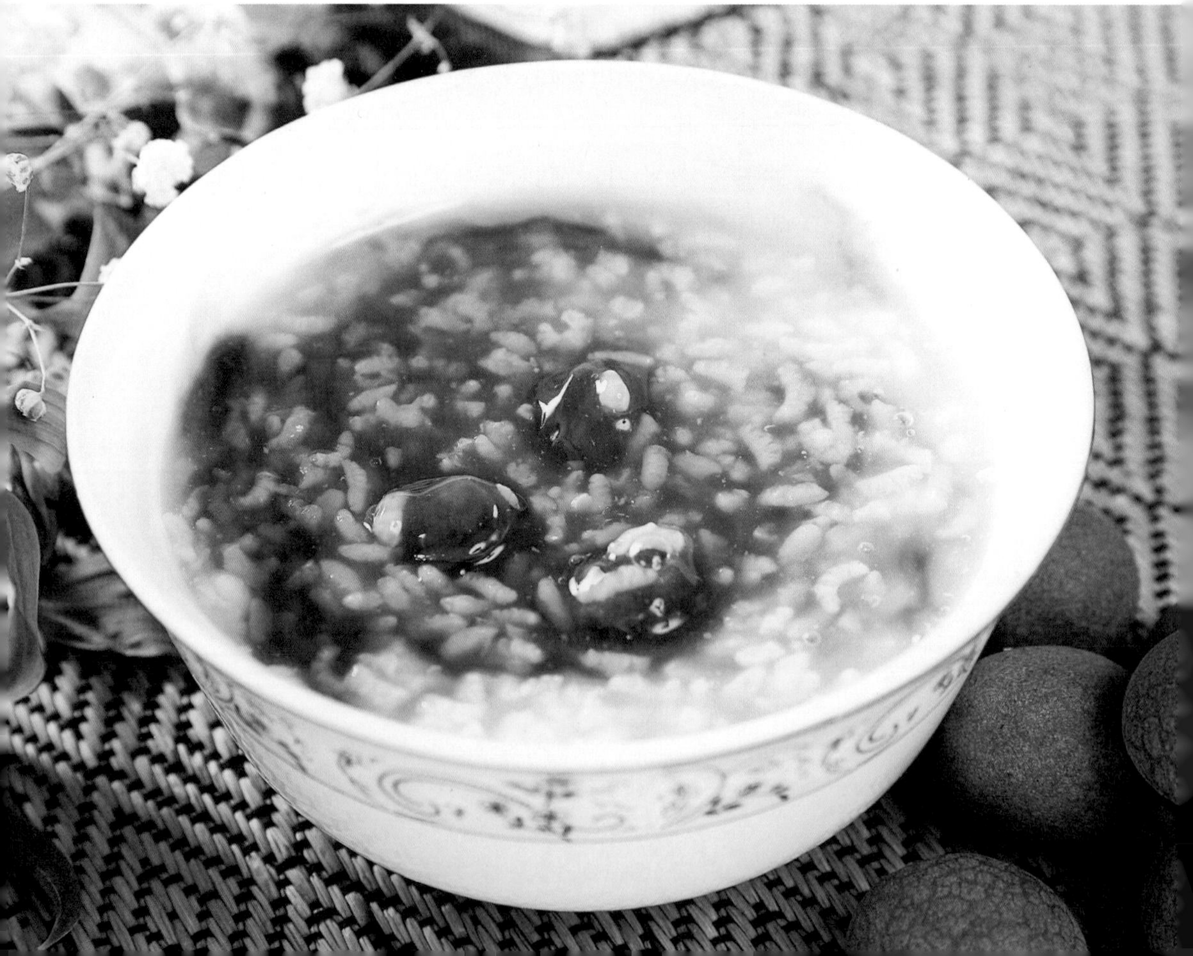

鲤鱼冬瓜粥

食　材

鲤鱼300克，冬瓜200克，大米100克，葱，姜，盐。

制作方法

1. 鲤鱼洗净去鳞，去内脏。锅中放少许油，油温七成热时放鱼煎透，加2000克水煮开，转小火煮20分钟，用筛网把鱼滤出，留汤在锅里。

2. 放大米煮30分钟后放冬瓜，再煮10分钟后加少许盐即可。

推荐理由

鲤鱼利水消肿、催乳汁；冬瓜利水除湿、清热解毒，故此粥适合产后浮肿难消、乳汁不足者食用。

食用时间

产妇产后1周内食用。

香甜紫米粥

食　材

黑米30克，大米30克，糯米40克，大枣3枚，葡萄干7粒。

制作方法

锅中加2000克水烧开，放所有原料，开锅后转小火煮40分钟后即可食用。

推荐理由

黑米含丰富的维生素、铁、青花素等营养成分，能滋阴补肾；同大枣、葡萄干配合食用亦能治疗贫血。

食用时间

适合产妇产后2～4周食用。

猪肝碎菜米粥

食　材

猪肝50克，大米100克，青菜，盐。

制作方法

1. 猪肝洗净切1厘米大小的丁，放料酒腌制10分钟后用开水焯熟。

2. 锅中加水2000克烧开，放入大米，大火烧开转小火煮30分钟，加入猪肝丁、青菜碎末、盐，再煮5分钟即可。

推荐理由

猪肝有活血化瘀的功效，同时还含有丰富的铁、锌、维生素等，能起到预防贫血和眼睛干涩的作用。

食用时间

产妇产后第一周食用。

肉丸粥

食　材

精肉馅50克，大米100克，小白菜叶少许，蛋清，葱姜末，料酒，盐，淀粉。

制作方法

1. 将白菜叶洗净切碎，葱、姜洗净切末，待用。

2. 将肉馅、葱姜末搅拌均匀，加入香油、盐、料酒，顺时针搅打起茸，待用。

3. 锅中加水1500克，烧开，放大米开锅后转小火煮20分钟，逐个用小勺把肉馅制成丸子下锅，煮10分钟，再放少许盐和小白菜碎末，稍煮即可。

推荐理由

由于产妇生产后胃肠功能弱、排汗多，适当吃些咸粥能起到恢复体能的作用。

食用时间

产妇生产1周后食用。

十谷粥

食　材

糯米50克，大米30克，黑米20克，薏米10克，玉米楂10克，黄豆10克，红小豆10克，花生米20克，豇豆10克，大枣1～3枚，桂圆3个。

制作方法

1. 普通锅煮制：先将红小豆、薏米、花生米、豇豆、黄豆泡发2～4小时。锅中加水3000克，除玉米楂外，放入全部食材，煮制30分钟，最后放入玉米楂煮制10分钟即可。

2. 电压力锅煮制：加水2000克，放入所有原料，按豆类煮制说明操作即可。

推荐理由

几种谷物混搭能提高蛋白质的吸收，补血、益气、增钙、排异，适合所有的产妇尤其是素食者食用。

食用时间

产妇生产1周后。

阳光小贴士

1. 原料下锅要有顺序，先放不易煮熟的，再放容易煮熟的。

2. 原料处理要得当，莲子先去芯，薏米、花生、黄豆、红小豆需提前泡。

3. 一次放足量的水，中途不能加冷水，如果必须加水也要加热水。

4. 煮菜粥时，应在米熟后加盐，再放青菜（不焯水），这样青菜的颜色不会有变化，营养保存较全。

5. 煮粥时切忌放碱，这样会破坏维生素B族。

11

精讲第十一课

healthy FOOD

米酒制作及米酒什锦水果盅

在南方坐月子，有一样滋补佳品是少不了的，那就是米酒。米酒氨基酸含量高，营养丰富，产妇食用非常合适。

对多数家庭来说，米酒一般在超市购买。但是，罐头装的米酒内含有防腐剂，营养受到了破坏；又因储存时间过长，食用时间不一定在最佳发酵期，口味和营养都会受到影响。

那么，怎样才能吃上营养好吃又经济的米酒呢？这堂课，我来向朋友们介绍一种制作米酒的方法。

1. 取糯米适量，淘洗三遍，放在不锈钢盆里泡发4小时左右(以泡粉、中间没有硬芯为准）。

2. 沥去水分，上笼蒸熟。待凉透后，置放在干净的容器中（不锈钢或玻璃器皿）。

3. 取“米酒酵母”，用100毫升纯净水化开，均匀搅拌在糯米中，密封好，等待发酵即可，发酵时间一般为3～7天。

我有一个米酒食谱，很受产妇欢迎，那就是米酒什锦水果盅。在传统坐月子的方法里，水果处在一个比较“尴尬”的位置，由于很多水果性属寒凉，产妇往往“望而却步”，看着那么多新鲜水果却不敢食用。大家不妨试试做个米酒什锦水果盅给产妇吃，米酒的温性能中和水果的凉性，再经过加温，还是比较适合新妈妈食用的。

阳光小贴士

1. 如何判断米酒发酵成功——米酒中间出现水洼并变浑浊，摇动器皿糯米离开周壁即发酵成功，可以食用了。

2. 发酵好的米酒一定要置放在冰箱冷藏室，以延缓继续发酵，保证其最佳发酵口感和营养。

3. 不接触生水，保证洁净。需要时，一定用干净的勺取出，取出后马上密封储藏。

米酒什锦水果盅

食　材

银耳、莲子、枸杞、红枣、桂圆、冰糖、米酒、香蕉、猕猴桃、苹果、葡萄、黑芝麻汤圆、淀粉。

＊扫图片，看视频，跟我学做月子餐

制作方法

1. 银耳1朵，用清水冲洗干净，泡在水中2～4小时；莲子提前半小时放于水中浸泡；取两匙米酒放入碗中待用。

2. 取砂锅1只，倒入银耳，放入冰糖和适量的水，开中灶火，开锅后改小灶火煮制1小时后，放入莲子、红枣、枸杞、桂圆，煮制半小时后关灶火待用。

3. 将香蕉、猕猴桃、苹果、葡萄（可随意添加自己喜欢的水果）等分别洗净切块，置放在玻璃透明碗中待用。

4. 锅中加水，烧开煮汤圆（喜欢吃荷包蛋的可同时煮）。待煮到六七成熟时，留下半碗水，倒入银耳莲子汤，和米酒一同煮开锅后，勾芡（喜欢吃鸡蛋的也可打上蛋花），待开锅后关掉灶火，倒入备好的什锦水果玻璃碗中，即可食用。

食用时间

产妇生产2周后适用。

1. 选材要求：（1）水果新鲜。（2）银耳要淡米黄色。（3）汤圆要选择品质好的，最好是黑芝麻馅（养血、补肾、益气）。

2. 银耳一定泡发透，加冰糖一起煮。这样煮出的银耳莲子汤才会黏。

3. 煮汤圆时，水一定漫过汤圆，防止出现硬结或因水少煮出的汤圆不成形、露馅等。

4. 一定掌握好煮汤圆的“火候”。“火候”欠了，不利于消化；过了，就不成形，既口感不好，又不美观，影响食欲。

12

精讲第十二课

healthy FOOD

巧吃豆制品（豆浆、豆渣、豆腐）

现今有不少产妇是“素食群体”，而且数量日益增多。

对于她们来说，富含植物蛋白和钙质的豆制品就成了月子餐中最重要的食材。

对于一般产妇来说，豆类食谱也是非常受欢迎的。在这一课里，我给大家讲讲如何巧吃豆制品。

首先讲讲做豆浆吧。由于有了豆浆机，自己做豆浆的家庭越来越多。可您知道吗？用相同的黄豆可以做出不同味道的豆浆，这里面的讲究就多了。

食材的选择 选择黄豆时，不是越大越好。不要选择大黄圆豆，要选择扁长的黄豆。扁长的黄豆有两种，一种豆脐（豆子一侧的细线）呈淡黄色，一种呈褐黑色，后者无论是营养还是香味都胜出一筹。因此，我建议选择黄豆时，尽量选择扁长褐色豆脐的小粒黄豆。

黄豆的泡制 夏天常温下泡2小时左右，冬天泡4小时左右，冷藏6～8小时左右（以刚好没有硬芯为准）。

加工的技巧 将80℃左右的温热水（这就是关键小窍门了）倒入豆浆机中，加入泡好的黄豆，按加工说明操作即可。

特　　点 色黄，味醇，豆香味浓，留余口中，回味持久。

食用时间 适用于产妇产后2～4周。

1. 一定要选择黄豆而不是大豆。

2. 加工时，倒入80℃的热水加工豆浆，香味优于自然水温。

3. 使用纯净水口感更好。

4. 如果你下功夫把泡好的黄豆皮去掉，再满足前面的几个条件，那你的豆浆口味就更完美了！

5. 不要选择转基因黄豆。转基因的黄豆又大又圆，外形饱满，个头均匀，色泽鲜亮。

下面我想讲讲豆渣。

对年轻人来说，做豆浆剩下的熟豆渣从来就是一种不受欢迎的食材。其实，豆渣的营养成分是很高的，豆渣植物蛋白丰富，钙质高，富含维生素和粗纤维，对减肥、预防便秘、降低胆固醇有一定作用。

怎样才能让产妇为了宝宝和自身的健康接受这种食物呢？我动起了脑筋。我针对营养丰富的月子餐要求，一改单一的“葱炒豆腐渣”菜式，加进了胡萝卜和木耳；考虑到口感，又尝试着加入了鸡蛋烹炒。经过十几次的反复试验，终于做出了色美、味香、营养高的“五彩雪花”。

我担心年轻的宝宝妈妈不能接受，浪费食材，就慎重选择了一个医生家庭的宝宝爸爸和妈妈作为我的第一品尝人，因为他们了解豆渣的功效，比较容易接受。

宝宝妈妈在我的积极推荐下，勉强品尝了一小口。我目不转睛地看着她的表情……她慢慢地咀嚼、吞咽，我不由自主地也动了一下喉咙，等待着她的“判决”。只见她的大眼睛里闪出亮光，兴奋得不住点头称道：“嗯，好吃，怎么能这么好吃啊！”回头对着宝宝爸爸就喊：“快来，快来！太好吃了！”宝宝爸爸半信半疑地尝了一口，同样地连连称赞。没等我们大家品尝，小两口就把“豆渣”一扫而光。

下面是“五彩雪花”的食谱，如果您感兴趣，可以试试。

五彩雪花

食　材

豆渣100克，胡萝卜20克，葱心末50克，姜少许，水发木耳50克，鲜鸡蛋1个，食用油，盐。

制作方法

1. 将木耳提前2小时泡发，洗净切末待用。葱、姜、胡萝卜洗净切末。将备好的豆渣、鸡蛋（去壳，取蛋液）、盐、葱、姜、木耳搅拌均匀待用。

2. 炒锅中加食用油烧热至八成，倒入搅拌好的豆渣等食材翻炒至蓬松，就可以食用了。

食用时间

适合产妇产后3～4周食用。

* 扫图片，看视频，跟我学做月子餐

豆腐营养丰富，无论是做汤、清炖、煎炸配菜、包饺子、做蒸包都非常受欢迎，老少皆宜。

对于豆腐，产妇一般是不排斥的。在这里我给大家介绍几个好吃的豆腐食谱。

豆腐蔬菜盅

食　材

豆腐200克，猪肉馅40克，胡萝卜20克，青彩椒20克，香菇20克，玉米粒20克，盐，香油，高汤，海鲜酱油，料酒，白糖，葱姜末。

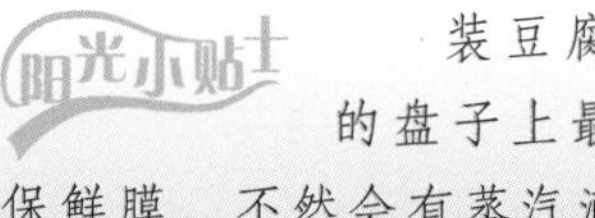

装豆腐蔬菜盅的盘子上最好盖层保鲜膜，不然会有蒸汽滴入，冲淡味道。

制作方法

1. 豆腐过热水后煎制，切开顶端，用小匙挖去中间的豆腐，呈豆腐盒子状。

2. 肉馅加盐、香油、海鲜酱油、葱姜末、料酒、白糖，朝一个方向搅拌均匀。

3. 将挖出的豆腐，混同香菇、胡萝卜、青彩椒、玉米粒剁碎，加入肉馅、盐，分别拌好。

4. 将馅料填充到豆腐盒子内，盖上豆腐盒盖。

5. 蒸锅内放水，大火烧至水开，把豆腐盒子放入盘子，中火蒸10分钟。

6. 锅中加高汤、海鲜酱油、糖、料酒。开锅后，淀粉勾芡浇在豆腐盒子上，淋上黑麻油即可食用。

食用时间

产妇产后第二周即可食用。

烧豆腐

食　材

老豆腐150克，虾仁7个。青、红彩椒各半个，葱，姜，盐，味精，高汤。

制作方法

1. 老豆腐焯水冲洗干净，切块，沥干水分，入热油锅中煎至两面微黄，捞出，沥尽余油。

2. 青、红彩椒洗净切丝，葱洗净切末。

3. 虾仁去虾线，水滑待用。

4. 油锅烧热，爆香葱姜末，放入豆腐同炒片刻，加适量高汤煮开，待汤汁浓稠后下青红椒、虾仁，加盐调味即可。

食用时间

产妇生产5天后即可食用。

豆腐蛋花粥

食　材

豆腐50克，鸡蛋1个，大米100克。

制作方法

1. 豆腐洗净，切成小块。鸡蛋打入碗中，搅匀。

2. 锅内白粥兑入少许清水，煮开后放入豆腐丁。

3. 慢慢倒入鸡蛋液，用筷子搅动，煮至蛋熟即可。

食用时间

产妇生产1周后即可食用。

豆腐鲫鱼汤

食　材

鲫鱼1条（约6～8两重，去内脏留鱼泡），豆腐半斤，食用油，葱2段，姜5～7片。

制作方法

1. 将活鲫鱼去鳞去鳃。

2. 豆腐洗净，切块，用热水焯过待用。

3. 把炒锅烧热，放入姜片擦锅（以防煎鱼时鱼皮脱落），倒入黑麻油。烧至七成热时，鲫鱼入锅煎制两面，呈微黄色时倒入热水，加入豆腐、葱、姜、鱼泡（用针扎破洗净），大灶火煮开后10分钟，即可食用。

食用时间

生产3天后即可食用。

阳光小贴士　豆腐鲫鱼汤是一道简单美味的补钙菜品，浓香醇厚，色泽温润。炖鱼时加块豆腐，两者有很好的蛋白质互补作用。豆腐含钙多，鱼肉中丰富的维生素D能促进钙吸收，混合食用可取长补短、相辅相成，提高营养价值，补钙效果更佳。

13

精讲第十三课

月子里的面食（一）把馄饨做出“水晶样”

healthy FOOD

月子里，我特别喜欢给产妇做馄饨吃，因为这样可以把各种食材混合在馅料里，让产妇吸收更丰富的营养。

所以，我的一个重点研究项目就是怎么把馄饨做得又好看又好吃。

如何使馄饨皮薄而透，馅满而丰，味道醇香可口呢？试验了几十次后，我终于发现秘密在“面补儿”里——和面时，如果全程用淀粉做“面补儿”，煮出来的馄饨皮就会像水晶一样透明，里面五颜六色的馅料隐隐约约地透出来，漂亮极了。

水晶虾肉馄饨

食 材

鲜猪肉馅50克，基围虾2只，面粉100克，淀粉，黑麻油，花生油，食盐，料酒，葱，姜。

制作方法

1. 取面粉100克，倒入50克水合面，揉团饧发待用。

2. 基围虾洗净去壳，去掉沙线，剁碎成馅。将鲜肉馅、虾泥、葱姜末合在一起，依次加入麻油、花生油、料酒，顺时针搅拌均匀。

3. 取饧好的面团，擀成薄薄的面皮，用刀切成梯形面片（上宽3厘米，下宽7厘米，长6厘米）。

4. 将调和好的肉馅包成“元宝形”馄饨。

5. 锅中加水1500毫升烧开，放入馄饨，开锅两分钟即可捞出锅，放置已备好的碗中。倒上高汤，加上紫菜、虾皮、香菜末或撒上青菜叶即可食用了。

食用时间

产妇生产5天后即可食用。

阳光小贴士 为了让馄饨晶莹剔透，和面时一定要全部取用淀粉做“面补儿”。

＊扫图片，看视频，跟我学做月子餐

精讲第十四课

月子里的面食（二）疙瘩汤和面片粥

healthy FOOD

月子里，产妇很容易因为各种油腻的汤汤水水喝得多或吃得太单调而发脾气。作为月嫂，我们应该理解。尽量将月子餐做得花色漂亮一点，种类繁多一点，让产妇能吃得高高兴兴。

在这一课里，我给大家介绍几种好吃的面食，简单易学，不仅在月子里，放在平时也是不错的主食选择。

海鲜野菜疙瘩汤

食　材

面粉50克，野菜50克，虾仁50克，鲜鱿鱼50克，鸡蛋1个，葱，姜，蒜，香菜，盐，食用油。

制作方法

1. 小虾仁去虾线，洗净待用（如果是大虾仁可切成玉米粒大小）。鱿鱼洗净，切成大丁（与虾仁大小相仿）待用。时令野菜洗净，焯水待用。葱、姜洗净切丝，蒜、香菜洗净切末，鸡蛋去壳取蛋液待用。面粉洒水搓成米粒状颗粒待用。

2. 炒勺烧热，加食用油，烹葱丝、姜丝出香味，倒入野菜煸炒片刻，倒入水后盖盖。烧开后，撒上面疙瘩，开锅后煮5分钟，打上鸡蛋花，再放入盐，最后放香菜末，关火起锅即可食用了。

食用时间

适合产妇产后3～4周食用。

阳光小贴士

1. 面疙瘩一定要用手搓，这样才能入口软滑，咀嚼劲道，味香汤鲜。

2. 鱿鱼需煮熟透后再食用，否则会导致肠运动失调。鱿鱼之类的水产品性属寒凉，脾胃虚寒的人应少吃。鱿鱼又是发物，患有湿疹、荨麻疹等疾病的人忌食。

3. 野菜一般含有丰富的膳食纤维及多种维生素，具有排毒代谢的功能。

＊扫图片，看视频，跟我学做月子餐

＊扫图片，看视频，跟我学做月子餐

面片粥

食　材

小米100克，面粉50克，食用油，葱，姜，盐。

制作方法

第一步：取小米煮粥（方法见前文），煮好待用。

第二步：制作面叶。

1. 将一碗面粉和成面团后饧20分钟。

2. 饧好的面团撒上干面，擀成厚约2毫米的面饼。

3. 将擀好的面饼撒上干面，防止面条粘连。

4. 将面饼撕成2×3厘米大小的面片待用。

5. 锅中加水烧开，放入面片煮熟捞出。

第三步：碗中盛六成满小米粥，将煮好的面片放入碗中，撒上葱花。

第四步：

1. 炒锅中加食用油烧热，煸姜出香味后放适量盐（喜欢生抽者也可放点儿，味道会更好）。

2. 趁热浇在准备好的面片米粥上，一碗地道的“面片粥”就做好了。

食用时间

适合产妇月子期全月食用。

15

精讲第十五课

healthy FOOD

月子里的面食（三）五彩创意面食

月子的后两个星期，产妇肠胃功能已经渐渐恢复。在这个阶段，我的工作重点是让产妇吸收更均衡、更全面的营养。

现如今，很多年轻人对面食“不感冒”，新妈妈们也不例外，大米成了单一的主食，这就造成了偏食。而且，中医认为大米湿气大，不利于坐月子。

针对这种现象，我想到了一个办法，给面食加点“颜色”，再“升级”一下形状。您别误会，我说的“颜色”可不是色素，而是纯天然的各种菜汁。

除了我在前面讲到的“全部用淀粉做面补儿”的诀窍，再告诉大家一条信息，超市里售有一种无筋面粉叫作“澄粉”，可以用来做饺子、馄饨、烧麦、蒸包等，直接就能做出“水晶”的感觉。您不妨试试。

＊扫图片，看视频，跟我学做月子餐

咸味三彩面耳

食　材

面粉500克，紫甘蓝，虾仁，鱿鱼，菠菜（油菜、白菜均可），生抽，盐，水。

制作方法

1. 菠菜洗净，焯热水，过凉水，取汁待用。紫甘蓝榨汁待用。取蛋黄按1：0.5的比例兑水搅匀待用。海鲜洗净加工成丁粒待用。

2. 取面粉500克，分成3份，分别加入菠菜汁、紫甘蓝水、蛋黄水和成面团。

3. 将饧发20分钟的面团搓成细圆条，切成黄豆大的面粒。

4. 将面粒搓圆，放在面案上，用拇指按下往前撮，一个小面耳朵就做好了。

5. 锅中加鸡汤（或高汤）。开锅后放入三彩面耳，煮熟时打上鸡蛋花，放盐及少许生抽，再放入菠菜或油菜，开锅就大功告成了。

食用时间

适合产妇产后2～4周食用。

香甜彩虹面耳

食　材

面粉50克，紫薯，南瓜，枸杞，桂圆，红枣，冰糖，蜂蜜。

制作方法

1. 将紫薯、南瓜分别蒸熟，做成泥。

2. 将小麦粉用南瓜、紫薯合成面团，饧发。

3. 制作面耳成形（方法见前文）。

4. 将红枣撕成块状，桂圆去皮，和枸杞、冰糖一起放在水中煮开。

5. 放入面耳煮熟，打上蛋花，调入少许蜂蜜即可食用，更适合喜欢甜食的产妇。

食用时间

适合产妇产后2～4周食用。

阳光小贴士　紫薯润肠，南瓜富含多种纤维，桂圆、枸杞补气养肾、养血补脾。组合在一起食用，美味可口、营养丰富。

红色一品饺

食　材

胡萝卜，鲜虾肉250克，海米100克，鸡蛋1个，木耳，西葫芦500克，葱、姜末，面粉500克，酵母粉，鸡精，白糖，香油。

制作方法

1. 胡萝卜洗净榨成汁，在面粉中放入适量酵母，用胡萝卜汁慢慢和成面团，用湿布或者保鲜膜盖好等待发酵。

2. 西葫芦洗净切小丁；鲜虾先用面粉洗一下，冲净沥干，切成小丁；海米用热水泡一下，沥干水分切成小丁；鸡蛋炒熟连同木耳切成末，加入西葫芦和葱姜末及调料拌匀。

3. 将发酵好的面团切成大小均匀的小剂子，擀成圆形的薄片。放入适量的馅，包成类似糖包形状的三角形，再把一个角拉到内侧牢牢地捏紧，会形成三个小口，在小口的边缘捏一个折，最后在小口处撒上五彩小菜丁（青椒丁、红椒丁）即可。

4. 凉水上锅煮15分钟可食用。

食用时间

适合产妇产后3～4周食用。

绿色冠顶饺

食　材

鲜虾肉250克，瘦肉馅100克，香芹，菠菜，特一粉，盐，鸡精，香油，白糖，料酒，葱姜末。

制作方法

1. 菠菜洗净榨汁，先将面粉放入适量酵母，用菠菜汁和面，用湿布或保鲜膜盖好等待发酵。

2. 香芹切成小粒。鲜虾用面粉洗一下，冲干沥净，切成小丁，加入香芹、瘦肉馅、调料拌匀，将馅搅成胶状。

3. 将发好的面团切成剂子，擀成饺子皮，将折好的三角形底面朝上包入馅，捏成三角形（类似三角糖包的包法），把三角棱推捏成波浪型，饺子顶上加一小粒红色的枸杞。

4. 冠顶饺做好了放入蒸笼里，用旺火蒸15分钟取出即可。

食用时间

适合产妇产后3～4周食用。

紫色烧麦

食　材

面粉500克，紫薯250克，胡萝卜，芹菜，香菇，洋葱，火腿，彩椒，盐，白糖，鸡精，料酒，香油。

制作方法

1. 紫薯切片蒸熟，用料理机打碎后与面粉调和成面团，用力揉匀，用保鲜膜盖起来让面粉重新饧好。

2. 胡萝卜、芹菜、洋葱、火腿、香菇切丁。

3. 平底锅烧热，倒入油，放入洋葱煸炒出香味，放入火腿丁，煸炒出油。一次加入胡萝卜丁、芹菜丁、香菇丁煸炒。加入盐、糖、鸡精、料酒、香油，搅拌均匀成馅待用。

4. 将面团切成剂子，擀成圆片，用手将圆片的周圈推碾成荷花边，包入备好的馅料，撮紧包口，用香菜杆扎紧点缀，撒上彩椒丁装饰。

5. 上笼蒸制20分钟即可。

食用时间

适合产妇坐月子末期食用。

16

精讲第十六课

healthy FOOD

月子里的面食（四）百变面条

下面，就给大家介绍几种五彩创意面食。

月子里，产妇经常吃到的一种面食就是面条。说起面条的花样，那可太多了，在这里我们就介绍点简单又好吃的。首先，我讲讲如何制作手擀面。

手擀面的制作要点

食　材

普通面粉300克，水30克，鸡蛋1个。

制作方法

1. 面粉加盐混合均匀，鸡蛋兑水搅匀倒入面粉，用筷子搅拌成雪花状。

2. 将面粉揉成光滑的面团，盖上保鲜膜，饧发15～30分钟左右。

3. 将饧好的面再揉5分钟，擀成1毫米厚的大圆片。

4. 把圆片波浪状叠放在一起，成长条状。

5. 用刀横切成细丝，抖开即可。

食用时间

产妇坐月子全月均可食用。

葱花炝锅面

食　材

手擀面100克，葱花，花生油，酱油，姜，盐。

制作方法

锅中加油烧热，放入葱花，烹入酱油、适量盐，倒入水，开锅后放入面条，煮制3～5分钟（以面条没有硬芯为准）即可。

食用时间

产妇产后第二天即可食用。

肉丝面

食　材

新鲜颈背猪肉20克，手擀面100克，油菜心2棵，鸡蛋1个，葱，姜，盐。

制作方法

1. 将猪肉洗净切丝待用，油菜洗净待用。

2. 炒锅上灶，加食用油烧热，放入葱、姜、肉丝煸炒，倒入水继续加热，开锅后放入面条煮至九成熟时放入油菜，煮熟即可食用。

食用时间

产妇产后第二周即可食用。

炸酱面

食　材

芥酱菜，豆瓣酱10余粒，猪肉30克，小麦粉150克，山鸡蛋1个，青豆，食用油5克，香油，料酒，葱，姜，香菜。

制作方法

炸酱的制作：

1. 青豆洗净待用；芥酱菜适量，洗净切形；鲜猪肉洗净切丁待用；鸡蛋1枚打入碗中待用。

2. 锅中加入食用油，烧至七成热，放入葱、姜煸炒出香味，再放入生猪肉、料酒继续煸炒变色，倒入豆瓣酱烹煸。再依次放入青豆粒、芥酱菜、少许水炒制片刻，滴上香油，撒上香菜，炸酱卤子就做好了。

面的制作：

1. 留50克小麦粉做“面补儿”，取100克小麦粉倒入鸡蛋液搅拌均匀和成团，擀成面片，折叠切成条状待用。

2. 锅中加水上灶火烧开，放入擀好的面条煮3分钟，捞出盛在碗中即可。

将做好的炸酱卤浇在面条上，炸酱面就做好了。

食用时间

产妇产后第二周即可食用。

* 扫图片，看视频，跟我学做月子餐

海鲜卤子面

食　材

精肉10克，海鲜20克，娃娃菜心1棵，香菜，葱，姜，盐，香油。

制作方法

海鲜卤子制作：

1. 精肉、娃娃菜洗净切丁待用；蛤蜊（乌贼、八带均可）、香菜，葱、姜洗净待用。

2. 锅中加烹调油烧热，烹葱姜，煸肉丁，放入娃娃菜，再倒入100毫升水，开锅后，放入蛤蜊（或其他海鲜），打入蛋花，加入盐、生抽，最后撒上香菜，淋上香油，海鲜卤子就做好了。

面的制作：

锅中加水开锅后，放入面煮制成熟，捞出盛碗码好。

将制作好的海鲜卤子浇在面条上就可食用了。

食用时间

产妇产后第二周即可食用。

番茄猪脚鸡蛋面

食　材

番茄半个，熟猪脚2～3块（可以使用熬制猪蹄汤剩下的猪脚），鸡蛋2个，手擀面100克，油菜心，香菜，姜，食用油，盐，生抽。

制作方法

1. 番茄洗净去皮，切块；鸡蛋去壳取蛋液；油菜、香菜洗净待用。

2. 锅中加烹调油烧热，煸葱姜，煸炒番茄，加水，放入熟猪脚。开锅后放入面条煮至九成熟，放入油菜，加入蛋液、盐、生抽、香菜，煮熟就可食用了。

食用时间

顺产产妇月子全月适用；剖宫产产妇生产3天内禁食。

阳光小贴士　用小勺刮番茄外皮，轻轻一拨，番茄皮就脱落下来。相比开水烫番茄剥皮的传统方法，这样加工的番茄味道更好些。

第六章 月子餐精讲课（下）

17

精讲第十七课

healthy FOOD

胡萝卜

胡萝卜，有“小人参”之称，富含胡萝卜素、维生素A，可增加母乳宝宝皮肤的耐酸碱性，提高抵抗力，防溃疡，防感染，减少新生儿呼吸系统发病率。

经过尝试，我研发出了三道胡萝卜主菜，下面就介绍给大家。

＊扫图片，看视频，跟我学做月子餐

鸡蛋胡萝卜丝

食　材

胡萝卜1根，山鸡蛋2个，葱心段1节，盐，白糖，姜，食用油。

制作方法

1. 将胡萝卜洗净切丝待用，葱心洗净切葱花，山鸡蛋打入碗中。

2. 炒锅中加食用油烧热，烹姜丝，将胡萝卜丝、盐倒入煸炒，再撒上葱花，将蛋液浇盖在胡萝卜丝上，轻翻定型，撒上少许白糖即可起锅。

食用时间

产妇月子全月皆可食用。

1. 这道菜与小米粥搭配可作为产妇贯穿全月的主打早餐食物，无论口感还是营养均属优质组合。

2. 挑选胡萝卜，要选择红颜色重、芯细、外表鲜亮的。

3. 炒制胡萝卜有个诀窍，就是一定要放点白糖，白糖能提鲜增香，并可去除胡萝卜特有的味道。

虾皮(茸)炒胡萝卜丝

＊扫图片，看视频，跟我学做月子餐

食　材

胡萝卜1根，虾皮（茸），木耳，香菜，姜，葱，蒜，盐，白糖。

制作方法

1. 取胡萝卜1根，洗净切丝待用；取虾皮冲水淘洗待用；香菜洗净去叶取茎，切段待用；葱、姜切丝待用；蒜切成蒜米待用。

2. 开灶火将炒锅烧热，加入食用油烧至七成热，放入姜、葱丝煸炒至微黄，倒入胡萝卜丝和虾皮，改中小灶火煸炒至八成熟，放入盐略加翻炒，再放入香菜、木耳、蒜米和少许白糖炒匀就可出锅了。

食用时间

产妇生产第二周即可食用。

1. 这道菜初入口甘甜怡人，再品咸香爽口。虾皮味道鲜美，含有丰富的碘等营养物质，又是含钙量最高的食品之一，和胡萝卜搭在一起可谓绝配。

2. 产妇从产后第二周就可以食用此菜。第二周可以把虾皮用蒜臼碾成虾茸食用，这样更容易吸收和消化；第三、四周可以直接食用虾皮，不仅能增加消化酶的产生，还能增加鲜味。

3. 煸炒时火候不宜太大，以免糊锅。

4. 不要加水，以免影响口感和维生素A的吸收；不要快速翻炒，以免影响外观造型。

5. 蒜米和香菜最后放入，口感效果最好。

＊扫图片，看视频，跟我学做月子餐

红烧猪蹄胡萝卜块

食　　材

胡萝卜1根，土豆2个，彩椒，姜，盐，生抽，老抽，白糖。

制作方法

1. 胡萝卜洗净，切滚刀块待用；土豆去皮洗净，切滚刀块待用；彩椒洗净掰成块状待用；姜洗净切片。

2. 开灶火烧热，炒锅加入食用油后先将彩椒略加煸炒捞出，放入姜片、土豆和胡萝卜煸炒至七成熟。

3. 放入猪蹄，加入生抽和盐，炖至接近收汤时加入老抽，翻拌均匀上色后，放入白糖收汁，最后加入煸好的彩椒盛盘即可。

食用时间

适合产妇坐月子后2周食用。

要先煸彩椒，可保持其鲜亮和清脆的质感。胡萝卜、土豆一定要煸油，猪蹄煮汤时不宜太软，最后放糖收汁。

18

精讲第十八课

healthy FOOD

山　药

山药含有多种营养素，有强健机体、滋肾益精的作用，其新鲜块茎中含有的多糖蛋白成分的黏液质、消化酵素等，可预防心血管脂肪沉积，有助于胃肠的消化吸收。

在介绍山药食谱之前，我先讲讲处理山药时防止手痒的小方法：

（1）把山药洗净，削皮时戴上手套，或在手上套个保鲜袋。

（2）把山药洗净，整根丢入开水中煮一会儿，这样山药皮基本熟了，原有的过敏源被破坏，再接触就不会痒了。用菜刀自上而下轻划一下，外皮就能很轻松地去掉了。

如果已经出现手痒症状，可以采取以下方法处理：

（1）先把手洗净，然后在手上抹醋，连指甲缝里也别落下，过一会儿这种瘙痒感就会渐渐消失。

（2）将手放在火上烤一下，反复翻动手掌，让手部受热，这样能分解渗入手部的皂角素。但要注意安全，不要离火太近烧伤皮肤。

下面介绍几个我的月子餐里常用的山药食谱。

山药排骨汤

食　材

排骨2～3块，山药80克，蟹味菇50克，枸杞少许，料酒，葱，姜，盐。

制作方法

1. 排骨泡水2小时（每隔半小时换一次清水），用60℃左右的水洗净，捞出待用。

2. 山药去皮切块后泡在水中，以免表面发黑。

3. 锅中倒入足量水，将排骨、山药、适量料酒、葱段放入，大火烧开。继续用大火烧制几分钟，然后转小火煮半小时。

4. 加入蟹味菇、适量盐，大火几分钟后转小火焖炖至汤浓肉酥。最后放入枸杞，开锅煮2～3分钟，一道鲜美的山药排骨汤就出锅了。

食用时间

产妇产后第二周即可食用。

1. 不要焯烫排骨，以免流失蛋白。

2. 烧开后不要马上把灶火关小，继续用大火烧制几分钟，然后转中灶火，这样汤更香浓。

3. 山药洗净表皮，在开水中氽一下立即取出冲凉，用双手对握住山药转动，山药皮就会轻松掉下来。泡山药的水中滴入几滴食醋，这样山药不变色，且口感清脆。

4. 蟹味菇属于菌类食物，一定要经过热水氽再放入锅中煮汤，以防菌类中毒。

5. 最后放枸杞。枸杞易煮过，早放入会流失营养成分。放入枸杞的同时打开锅盖释放自来水中的氯气。

香菇山药

食　材

山药200克，香菇2朵，黄绿菜椒、胡萝卜片少许，糖，盐，生抽，葱，姜，蒜，食用油。

制作方法

1. 将山药去皮切片待用；香菇切块焯水待用；姜洗净切丝，蒜切末待用。

2. 黄绿菜椒、胡萝卜片少许，洗净切片待用。

3. 开灶热锅倒入食用油，烹葱、姜丝。依次放入山药片、香菇、胡萝卜、黄绿菜椒，倒入生抽，盐、糖翻炒。最后放入蒜米、糖，翻炒片刻即可出锅食用了。

食用时间

产妇生产后第二周即可食用。

这道菜清爽可口，甜中微酸，是产褥期产妇开胃的一道好菜。

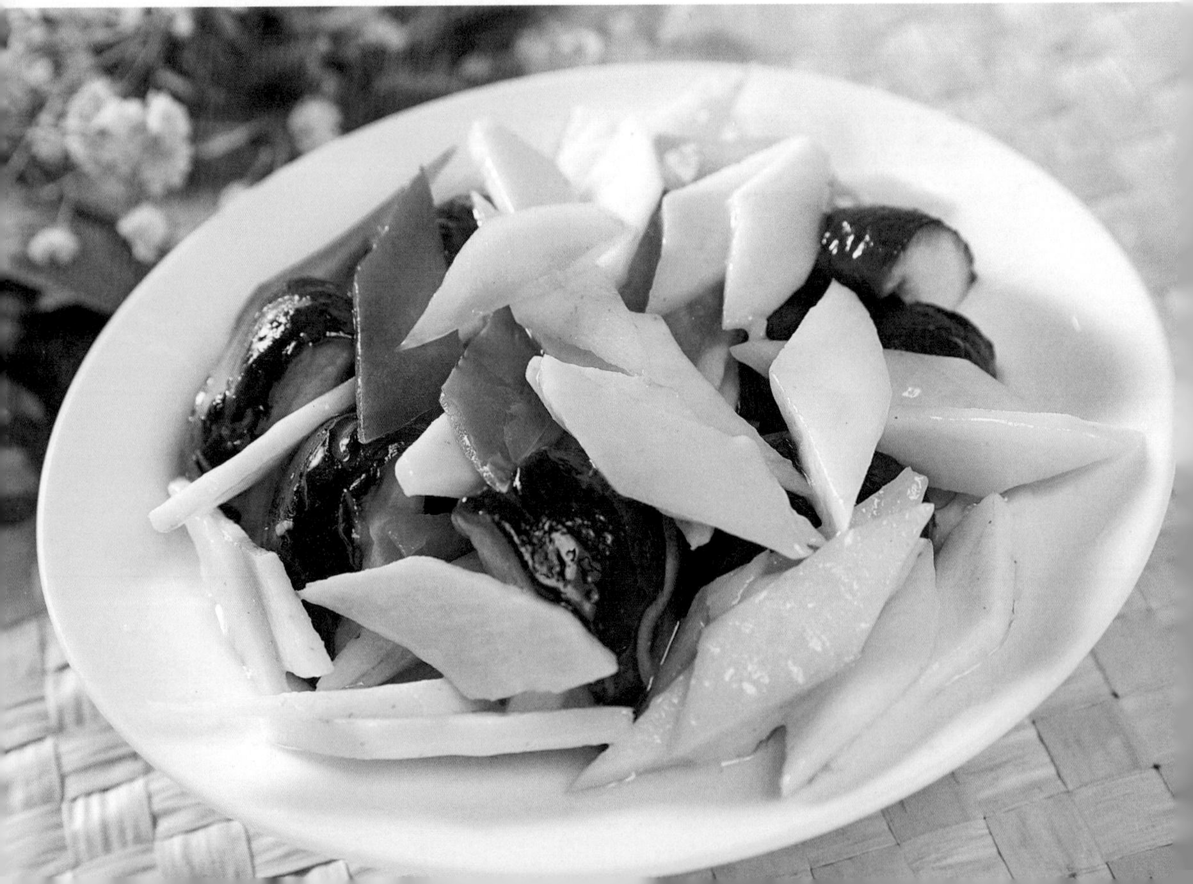

＊扫图片，看视频，跟我学做月子餐

蓝莓蜜汁山药

食　　材

山药150克，冰糖，蜂蜜，蓝莓，枸杞，淀粉。

制作方法

1. 将山药洗净、去皮，均匀地切成七八厘米的小段。

2. 摆好盘后，上蒸笼蒸熟。

3. 用凉开水将枸杞洗净，滤除水分。

4. 锅中加入一小碗冷水，把冰糖放进去，开中火不停搅拌。待冰糖溶化后，开大火熬成粘稠的汤汁勾芡，淋到山药上，再撒上备好的枸杞。喜欢吃甜的可以再淋点蜂蜜。

5. 最后将蓝莓酱点缀其上。

食用时间

产妇产后第二周即可食用。

素炒山药片

食　材

山药100克，青菜椒1个，葱，姜，蒜，盐，白糖，料酒，食用油，生抽，淀粉。

制作方法

1. 山药去皮切片，青菜椒切菱形块待用。

2. 炒锅倒油爆葱姜蒜，放入山药爆炒，再加入生抽、料酒、糖和少许盐。淋入少许冷水翻炒片刻，再放入青菜椒翻炒均匀，勾芡，淋入香油，关火后装盘即可食用。

食用时间

产妇产后第二周开始食用。

双色山药条

食　材

山药150克，胡萝卜80克，枸杞，大蒜，姜，盐，糖。

制作方法

1. 山药去皮洗净切条，胡萝卜切条（大小同山药条）待用；葱切花，姜切片，大蒜成蒜米待用。

2. 炒锅上灶火加热，加入食用油烧至七成热，放入姜炸至褐黄色，倒入胡萝卜条翻炒半熟，放入山药条烹炒，再放入盐、蒜米、糖略加翻炒即可出锅食用了。

食用时间

产妇产后第二周即可食用。

山药牛肉丸汤

食　材

山药25克，牛肉100克，鸡蛋1个，黄瓜3~5片，葱，姜，盐，淀粉，香油，烹调油，料酒。

制作方法

1. 将山药去皮洗净待用；取牛肉、山药、葱、姜一同剁成馅，倒入香油、食用油和生抽，顺时针搅拌均匀，再放入蛋清和淀粉顺时针搅拌均匀待用。

2. 锅中加水烧至六成热时，用小勺将馅做成肉丸下锅，待到即将开锅时，将浮沫捞出，牛肉丸子煮熟时，加入少许盐，放入黄瓜薄片，打上蛋花就可以了。

食用时间

产妇产后第二周即可食用。

1. 凉水下锅，水半开时放丸子；调馅时先放香油和烹调油，再放生抽和料酒。

2. 山药拌入牛肉馅，弥补了牛肉发硬不细腻的缺陷，使整道菜口感滑爽，咀嚼松软有弹性。

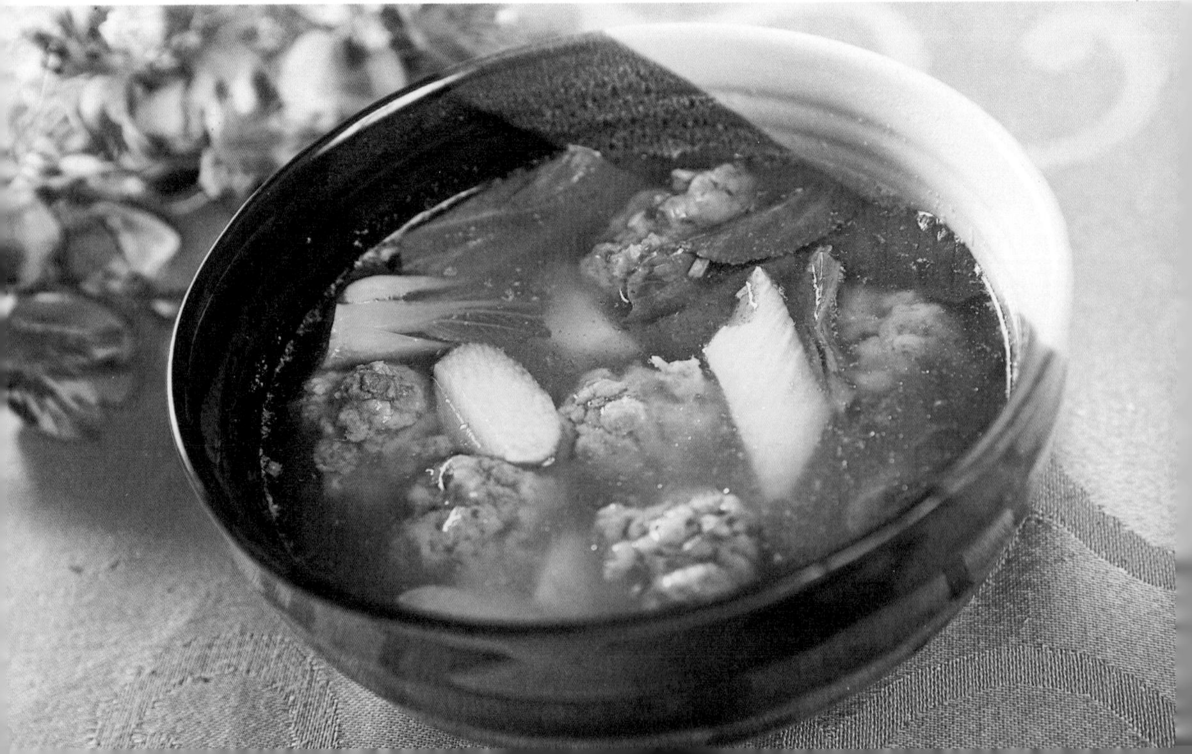

山药珍珠

食　材

山药200克，枸杞，冰糖，橙汁，淀粉，香油，食用油。

制作方法

1. 枸杞洗净，用纯净水浸泡待用。
2. 山药洗净，去皮，切片，整齐码在盘中上笼蒸，蒸熟后摆上枸杞待用。将锅中冰糖化开，倒入橙子汁，勾芡起锅淋在山药上，再淋上少许香油就可食用了。

食用时间

产妇生产5天后食用。

珍味三彩

食　材

虾仁5个，猪腰半个，山药100克，青椒、胡萝卜3～5片，蒜米，生抽，白糖，料酒，盐。

制作方法

1. 虾仁洗净去沙线，挂淀粉糊水滑待用。

2. 山药去皮切片待用。

3. 猪腰去尿线，切花焯水待用。

4. 青椒、胡萝卜洗净，切片待用。

5. 锅中加食用油烧热后烹蒜米，依次放入胡萝卜片、腰花、山药、青椒、虾仁、盐翻炒，然后点入生抽、白糖、料酒，略加搅拌，再放入蒜米翻煸几下，淋上香油即可起锅盛盘。

食用时间

产妇生产1周后可食用。

1. 猪腰尿线一定清理干净，浸泡时，要换水两次以上。

2. 如果产妇对猪腰味道比较敏感，可在浸泡猪腰花的水中点1～2滴料酒去味。

精讲第十九课

土豆 healthy FOOD

土豆含有丰富的赖氨酸和色氨酸，其所含蛋白质最接近动物蛋白，甚至优于大豆，总体营养价值相当于苹果的3.5倍。

这堂课，我给大家介绍几种土豆的做法。

双味香蕉土豆泥

食　材

土豆1个，香蕉半根，胡萝卜50克，枸杞3～7粒，盐，糖，奶油。

制作方法

1. 土豆、胡萝卜去皮切薄片，一起上锅蒸熟；香蕉去皮制成泥备用。

2. 枸杞用温水泡发，备用。

3. 土豆、胡萝卜蒸熟后放入保鲜袋中，用擀面杖擀成泥状，尽量细一点，这样口感会好一些。

4. 根据个人口味，将土豆胡萝卜泥分成两份：一份可加糖（或盐和淡奶油），做成原味的；另一份和准备好的香蕉泥混合均匀，点缀上枸杞，即成香蕉味的。

阳光小贴士　香蕉润肠通便，土豆营养丰富，两者匹配是月子期间很好的一个食谱，也是将来给宝宝添加辅食的好选择。可以再将蒸熟的红豆做眼睛，枸杞子当嘴巴，薄薄的胡萝卜片剪成“眉毛”“胡子”等任何你想要的图案。它将成为宝宝的最爱！

食用时间

产妇生产3天后即可食用。

土豆烧排骨

食　材

排骨5～7块，小土豆蛋10个，料酒，盐，生抽，老抽，葱，姜，蒜，冰糖。

制作方法

1. 排骨冲洗干净之后，用洗米水或清水浸泡2小时，去除血污，每隔30分钟换一次水，沥干水分；小土豆洗净，去皮。

2. 锅烧热，放油少许，依次摆放进排骨，反正面煎至微黄取出。利用锅内的油，爆香葱、姜、蒜，加入冰糖翻炒。下入煎好的排骨和小土豆，大火翻炒，烹入料酒、生抽和老抽翻炒上色。

3. 添加没过食材的热水，大火烧开，撇净浮沫。转中火慢炖至排骨和土豆基本熟透。添加盐调味，继续小火慢炖至排骨和土豆软烂，大火收汁即可。

食用时间

产妇生产1周后即可食用。

1. 用淘米水清洗排骨血水。

2. 土豆一定选刚刚上市的小土豆蛋。

3. 可以加入少量的山楂、黑木耳、香菇、洋葱等，这些都可以起到消脂解腻的作用，对保护心脑血管也大有裨益。

番茄土豆丁

食　材

番茄1个，大土豆1个，葱，姜，盐，糖。

制作方法

1. 将番茄洗净切丁待用；将土豆去皮切丁待用。

2. 炒锅上灶火烧热，加入食用油烧至七成热，加入葱、姜略煸，放入土豆微煸至熟，加入番茄丁，略加煸炒，加盐，最后撒上白糖翻炒均匀即可起锅了。

食用时间

坐月子全月皆可食用。

土豆烧牛肉

食　材

牛肉（或牛腩）300克，大土豆2个，胡萝卜1根，洋葱1个，姜，葱，老抽，生抽，白糖，盐，料酒。

制作方法

1. 牛肉切块，同牛骨一起浸泡2小时。泡好后捞出，均匀撒上干面，用手抓捏5～10分钟，用清水洗净，与葱段一起下入凉水锅中，焯制。然后捞出冲干净，沥干备用。

2. 烧锅加油煸炒牛肉，加料酒煸炒5分钟。

3. 加入适量清水，使水没过牛肉，加入姜片和葱段，料酒烧开后转小火，慢炖两个小时左右。

4. 另起一炒锅，倒少许油，将土豆块、胡萝卜块下入锅中，翻炒。然后加适量老抽、生抽、白糖、料酒、盐（不要多，酱油有咸度）调味，加入备好的牛肉和汤，中火炖制。烧至七成熟后加入洋葱，炖至九成熟时转大火收汤。

食用时间

月子后半月食用。

1. 新鲜牛肉一定要泡水。用干面搓可以有效祛除牛肉中的血水。

2. 在烹制牛肉时放一些洋葱可以去除膻腥，增加洋葱本身的香味，相比较葱、姜、蒜，洋葱和牛肉搭配也更合拍。

3. 喜欢汤汁拌饭的，最后的汁不要收得太干，可以稍稍留一点，起锅之前撒葱花装饰。

芙蓉玉盘

食　材

土豆1个，生菜叶100克，油菜心1棵，圣女红果5个，香菇1枚，鸡肉（精肉亦可）50克，大虾5只，鸡蛋1枚，糯米50克，葱，姜，淀粉，料酒。

制作方法

1. 糯米、香菇提前2小时泡好，香菇洗净切碎待用；取蛋清待用；油菜洗净切碎，待拌肉馅用；土豆洗净，去皮切片，放入水中煮熟待用；将焯好的生菜、煮熟的土豆片、圣女红果铺制码好盘中待用；鲜虾去壳，挑沙线待用。

2. 取鸡肉、虾肉剁碎成泥，放入盐、料酒、蛋清搅拌至起茸；再放入食用油、香油、葱、姜继续搅拌均匀；最后放入淀粉、香菇末、油菜末、搅拌均匀待用。

3. 蒸锅加水上灶火，将拌好的肉馅做成丸，挂蛋黄，再沾上泡好的糯米，放在盘中蒸熟待用。

4. 将蒸熟的糯米肉丸码在土豆片上，一道香咸滑软的“芙蓉玉盘”就可以上桌了。

食用时间

产妇产后第二周就可以食用。

阳光小贴士　坐月子是特殊时期，生菜一定要用温热水焯后再食用。有喜欢水果甜食的朋友，将土豆片换成苹果片也很好吃。

＊扫图片，看视频，跟我学做月子餐

精讲第二十课

蔬菜食谱 healthy FOOD

我觉得，一个善于烹饪的人看到各种食材时，把心沉静下来，大脑就开始“做饭”：这几种菜口感搭不搭？那几种菜味道合不合？这个菜加个鸡蛋色彩会不会更美？那个菜配个虾仁营养会不会更全面？

久而久之，大脑中自然会形成“美食地图”，脑海中出现的菜和现实中的成品会差不许多。试着打开冰箱，练习用大脑做做菜吧！

下面是我经常用到的几种蔬菜食谱，供大家参考。

番茄甘蓝炒蛋

* 扫图片，看视频，跟我学做月子餐

食　材

番茄1个，甘蓝菜叶2片，鸡蛋2～3个，食用油，盐，白糖，蒜末。

制作方法

1. 将番茄洗净，去皮切丁；甘蓝菜洗净切丁。

2. 鸡蛋去壳取蛋液放在大碗中，放入备好的番茄丁、甘蓝菜丁，均匀地撒上盐轻轻搅拌两下即可。

3. 炒锅上灶火，加入食用油烧热，将碗中备好的食料倒入炒锅中，轻轻翻炒定形，撒上蒜末和白糖，略加搅拌即可出锅。

食用时间

产妇坐月子期间均可食用。

阳光小贴士

1. 鸡蛋中维生素C的含量比较少，应注意与富含维生素C的食品配合食用。而甘蓝菜和番茄都含有丰富的维生素C。因此，它们在饮食搭配学上，堪称“黄金搭档”。

2. 选择番茄注重的是新鲜、成熟、饱满，颜色新鲜；选择绿甘蓝叶时，取绿色较重的外层，一是叶绿素含量高，二是炒出的菜颜色鲜亮。

3. 番茄、甘蓝菜和鸡蛋不宜用力搅拌，轻翻两下即可，这样炒出的鸡蛋黄清分明、味道香醇。

4. 最后放糖和蒜末，这样会使味道甜、香、鲜分明，口感极好。别看这道菜制作过程简单，但吃起来甜酸可口，略带微咸，蒜香诱人，开胃生津，是非常受产妇欢迎的一道菜。

番茄炒蛋

食　材

番茄1个，鸡蛋1个，食用油，葱，姜，蒜米，盐，糖。

食用时间

产妇月子期全月都可食用。

制作方法

1. 番茄洗净，去皮，切块待用。

2. 将鸡蛋炒熟待用。

3. 锅中加食用油烧至八成热，加入姜末、葱花煸炒，放入番茄，炒软。然后放入盐、蒜米，最后均匀地撒上适量白糖，放入炒好的鸡蛋，略加翻炒即可出锅。

1. 于最后起锅前加入白糖，略加翻拌即可。

2. 番茄和鸡蛋的比例一般为1.5∶1，口感最好。

菜心虾仁

食　材

白菜心（油菜或苋菜也可） 2棵，虾仁7～9个，食用油，葱，姜，食盐。

制作方法

1. 将菜心洗净，滤水待用。

2. 取炒锅上中灶火加热，倒入食用油烧至八成热，煸葱、姜出香味。改大灶火放入菜心，爆炒片刻，放入虾仁略加煸炒，放入盐，翻颠两下即可出锅摆盘。

食用时间

产妇生产5天后可食用。

阳光小贴士　这道菜色泽诱人，口感清爽，制作过程非常简单。白菜一定去外叶留菜心，烹调好后按顺序整齐码在盘中。配以小盘红烧五花肉，一盅海鲜汤，一碗米饭，那将是多么美妙的一餐！

蚝油菜心

食　材

娃娃菜1棵，木耳3朵，食用油，蚝油，盐，生抽，香菜，蒜末。

制作方法

1. 娃娃菜洗净，用手撕成8厘米左右见方的叶片，滤水待用。

2. 炒锅热油，放入蒜末爆香。改大火爆炒娃娃菜，煸炒变色出锅盛盘，待用。

3. 起油锅，将蚝油倒入锅中，煸炒，加入适量生抽，将娃娃菜、木耳倒入锅中翻煸两下即可出锅，点缀香菜上盘食用。

食用时间

产妇月子期全月都可食用。

阳光小贴士

1. 清洗娃娃菜时，可用盐水浸泡5分钟，或用苏打水浸泡2分钟。

2. 将娃娃菜用手撕成片，吃起来会比刀切的口感好。

3. 为了爆炒中不产生水分，一般采取焯热水的办法。如果不焯，炒出的菜就会有好多的水。后来我摸索了一种新的烹调办法，不焯也可以：把清洗干净的菜放在菜筐里，盖上保鲜膜，底下放上积水盘（以便盛接滤出菜中的水分），然后放在冰箱冷藏室内，待用。

4. 急火煸炒，保持菜的颜色、造型、口感及营养的最佳状态。无论是炒还是煮，时间都不要太长，可以保持菜脆嫩的口感。

5. 娃娃菜储藏时应远离苹果、梨和香蕉，以免诱发赤褐斑点。

6. 菜和蚝油要分别起锅烹制。

西兰花虾仁

食材

虾仁7～9个，西兰花200克，葱，姜，蒜，盐。

制作方法

1. 西兰花掰成小朵，用盐水浸泡后彻底洗净。

2. 烧开水，将西兰花焯一下水，捞出待用。

3. 热锅凉油爆葱姜蒜，倒入焯好的西兰花炒一下，再倒入虾仁，加盐适量，略炒即可出锅。

4. 将西兰花摆盘呈环型，中心摆入虾仁呈花心状，一盘赏心悦目的“西兰花虾仁”就可以上餐桌了。

食用时间

产妇生产5天后即可食用。

虽然西兰花营养丰富、再生修复功能强，但其中的叶酸性质不稳定，贮存时间太长、贮存温度太高、烹调时间过长等都会令叶酸受破坏。因此，西兰花以少油快炒为佳，以保证其营养成分不流失。

＊扫图片，看视频，跟我学做月子餐

五彩藕丁

食　材

猪脊背肉50克，虾仁50克，莲藕1节，红、黄彩椒各半个，泡发木耳，葱，姜，盐，生抽，糖，香油。

制作方法

1. 彩椒洗净切丁；泡发木耳撕碎；莲藕洗净切丁，焯水冲凉待用。

2. 将猪肉洗净切丁，放入蛋清、淀粉抓捏，水滑待用；虾仁洗净、去虾线，抓淀粉、蛋清再进行水滑加工待用。

3. 锅中加油烧热，放入葱姜爆锅，然后倒入藕丁煸炒3～5分钟，再倒入肉丁、虾仁煸炒，加入木耳、彩椒、盐、糖、生抽略加煸炒，滴上几滴香油，盛盘即可。

阳光小贴士

1. 不要忘记把虾仁去虾线，以免影响咀嚼口感。

2. 如果喜欢酥香的朋友，可以把“软滑虾仁”改为“酥炸虾仁”，口感更香脆。

3. 也可以炒鸡蛋放入，营养更丰富，色泽更鲜艳。藕吸姜味，喜欢吃姜的朋友可以略加少许，最后再加少许蒜末提味就更好了。

食用时间

适合产后3～4周食用，如果给产后第二周的产妇食用，先把藕丁煮软为好。

豌豆虾仁炒蛋

食材

鸡蛋3个，虾仁，豌豆，盐，生抽，淀粉。

制作方法

1. 鲜虾剥壳开背并挑去虾线，用盐、生抽、淀粉腌制片刻；豌豆过热水焯熟煮软。

2. 蛋清、淀粉搅拌成糊，放入虾仁挂糊。油锅烧热，放入虾仁滑熟。

3. 将鸡蛋液炒熟，放入虾仁、豌豆，翻炒几下即可。

食用时间

产妇生产5天后即可食用。

阳光小贴士

1. 首先，用干净餐巾振去虾仁的余水；再放入精盐等腌制，目的是使虾仁保存原味；用挤压的方法，使虾仁的余水进一步排出；然后用餐巾将水振净；最后，加入干淀粉反复搅拌，再加入少量的油抓拌均匀。

2. 这道菜多钙铁，富锌硒，益智补脑。

番茄里脊

食　材

里脊200克，番茄酱，白糖，盐，淀粉，食用油。

制作方法

1. 里脊切片，入盆中放盐、料酒腌制10分钟。

2. 将面粉和干淀粉以2：1的比例加清水搅成糊状，均匀裹满肉片。

3. 油至六成热，逐片放入肉片，炸到微微变色捞出。

4. 将番茄酱、白糖、盐、清水入碗搅匀成汁。

5. 在锅中加入酱汁烧制，勾芡，加入里脊快速翻炒，沾满酱汁关火，盛盘即可。

食用时间

适合产妇坐月子后2周食用。

地三鲜

食　材

大土豆1个，茄子1个，绿菜椒1个，盐，白糖，水淀粉，食用油，生抽。

制作方法

1. 土豆、茄子、绿彩椒洗净，切滚刀块；姜切末，蒜剁茸。

2. 将锅中的油加热，茄子、土豆炸至金黄色后捞起，沥干油。

3. 锅内留底油，放入绿菜椒、姜末和蒜茸炒香，再往锅中加入茄子、土豆，点适量的盐、酱油和白糖、水淀粉勾薄芡，使酱汁均匀地挂在食材上。

食用时间

适合月子里后2周食用。

鲜虾白菜包

食　材

白菜叶7～9片，虾仁50克，肉馅100克，胡萝卜2片，熟豌豆20粒，鸡蛋1个，海带丝，淀粉，盐。

制作方法

1. 洗净的白菜叶焯软；提前4小时泡好豌豆。

2. 虾仁、胡萝卜切丁；海带丝和豌豆煮熟；蛋液炒熟；胡萝卜丁略加翻炒凉透待用。

3. 将备好的胡萝卜丁、炒鸡蛋放入虾仁丁，再倒入煮好的豌豆、海带丝，调入盐、黑麻油搅拌均匀成馅待用。

4. 将焯好的白菜叶包馅，做好的白菜包上蒸锅蒸10分钟；番茄沙司、生抽和水淀粉混合，调制成粘稠的汤汁，浇在白菜包上即可。

食用时间

产妇生产1周后即可食用。

扇贝炒豆

食　材

扇贝100克，荷兰豆50克，鸡蛋1个，胡萝卜，木耳，盐，淀粉，蒜，食用油。

制作方法

1. 黑木耳温水泡发撕小朵，胡萝卜切丁，蒜切米。

2. 鸡蛋炒熟待用。

3. 水烧开，分别将黑木耳、胡萝卜丁、荷兰豆焯水后捞出，过凉水滤干。

4. 热锅上油，油热后下蒜米爆香，下胡萝卜、荷兰豆翻炒至断生。

5. 依次加入黑木耳、扇贝丁翻炒，加盐调味，加水淀粉勾薄芡后即可起锅食用。

食用时间

适合产妇产后第3～4周食用。

精讲第二十一课

排　骨 healthy FOOD

在工作中，我发现不少产妇特别爱吃排骨。月子里的前半个月，我尽量控制着不让她们吃，到了后半个月，便会多少满足一下这些“馋猫儿”的要求，变着花样做排骨给她们吃。下面，我就介绍几种好吃易学的排骨食谱。

排骨粥

食　材

排骨3～5块，大米100克，油菜2棵，香菜，盐，香油，食用油。

制作方法

1. 大米淘洗干净；排骨洗净，剁成2厘米见方的小块，开水焯烫去血污，捞出控水；油菜和香菜择洗干净，切成碎末。

2. 锅中放米、水和排骨块，旺火烧开改用中小火熬煮1.5小时，至米烂汤稠、排骨变酥时，加盐，搅拌均匀。食用时淋香油，加香菜末，拌匀。

食用时间

产妇生产5日后就可以食用。

米与水的比例控制在1：30味道更好哟！

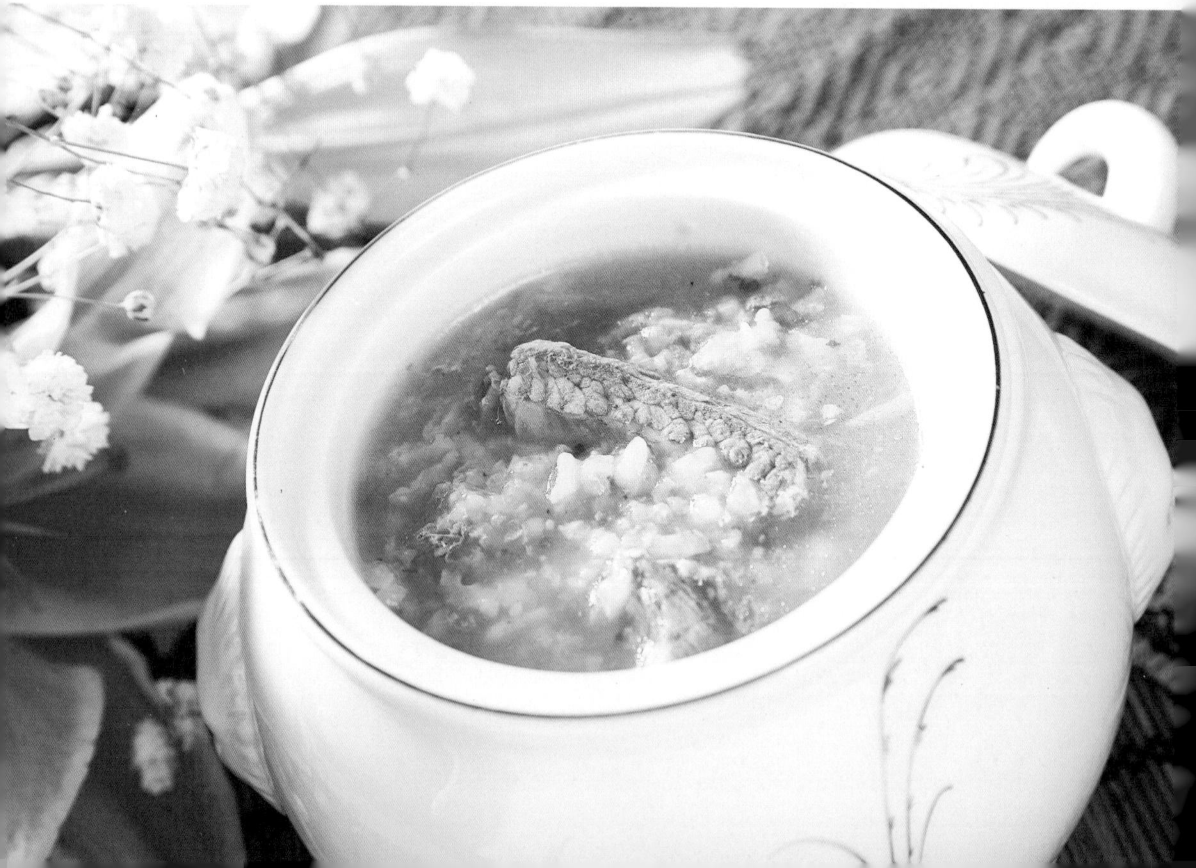

番茄沙司排骨

食　材

排骨500克，番茄沙司3匙，生抽，老抽，料酒，白糖。

制作方法

1. 小排500克提前泡水2小时，焯水后煮30分钟。

2. 加1匙料酒，1匙生抽，半匙老抽，腌制排骨20分钟。

3. 捞出洗净控水，少油勤翻炸至金黄。

4. 锅内放排骨、3匙番茄沙司、3匙白糖和半碗肉汤，大火烧开，调入适量盐即可食用。

食用时间

产妇产后第3～4周食用。

蒜香㸆排骨

食　材

排骨8块，橄榄油，生抽，蚝油，糖，蒜。

制作方法

1. 排骨冲洗干净，沥水；大蒜切碎末。

2. 橄榄油1匙，蚝油2匙，糖适量，和大蒜末一起加入排骨中彻底拌匀，腌制2小时以上，中间可以搅拌几下。

3. 烤盘铺锡纸，放上腌制好的排骨，把剩余的酱汁倒在排骨上，上面盖一层锡纸。

4. 烤箱预热250℃中层，上下火15分钟，拿掉上面的锡纸，烤箱调至200℃继续烤10分钟即可。

食用时间

产妇产后第3～4周食用。

精讲第二十二课

healthy FOOD

月子餐里的开胃甜点和饮品

月子里，产妇摄入的油、盐比平时少，嘴里觉得没有滋味，我给大家推荐一款开胃甜点组合“红糖蛋糕+五仁益智生乳糊”。既可以作早餐，又可以当下午茶。自己动手，制作过程中屋子里弥漫着蛋糕香，对新妈妈来说，也是很好的心理放松。

红糖蛋糕

食　材

鸡蛋5个，低筋面粉120克，红糖100克，牛奶80克，色拉油30克，白醋，盐。

用　具

不锈钢盆2个，小碗4个，分蛋器、手动打蛋器、电动打蛋器、筛子、8寸模具各一个。

制作方法

1. 分离蛋黄、蛋清。

2. 盆中放牛奶和色拉油，用手动打蛋器打散，再逐个加蛋黄打散，把全部面粉过滤后加入蛋黄糊中搅匀。

3. 把蛋清倒入另1个盆中，加白醋、盐少许，放1/3红糖，用电动打蛋器低速打起大泡，再放1/3红糖，逐渐调到高速，蛋清呈泡沫状，再把剩下的红糖全部倒入，直到蛋清提起看到小尖不弯曲时，终止打发。

4. 把1/3蛋清放入蛋黄糊中搅匀，再把全部蛋黄糊倒入蛋清中搅匀，倒入模具中把大泡颠没。

5. 烤箱预热10分钟后，把蛋糕放在烤箱下1/3处，140℃烤30分钟后调至125℃烤40分钟，拿出倒置在烤架上稍微冷却后脱模装盘。

食用时间

产妇产后第二周开始可以吃，但月子后半月慎吃。

＊扫图片，看视频，跟我学做月子餐

虎皮蛋糕

食　材

鸡蛋3个，面粉40克，淀粉10克，牛奶20毫升，橄榄油（玉米油均可）20毫升，糖55克。

用　具

家庭式烤箱一台，打蛋器，盆2个，烤盘1个。

制作方法

1. 分离蛋清和蛋黄于2个盆中。

2. 将盛有蛋清的盆中放入糖35克，搅打成奶油状待用。

3. 将盛有蛋黄的盆中放入牛奶20克、橄榄油20克、白糖20克，略加搅拌，再拌入面粉和淀粉搅至均匀。

4. 把打好的蛋清糊分三次倒入蛋黄糊中搅拌均匀，振出气泡待用。

5. 烤盘中铺上食品烤制专用纸，涂匀橄榄油，倒入蛋糕糊待烤。

6. 烤箱定温180℃，通电升温5分钟，放入备好的蛋糕糊，定时30分钟烤制即可。

7. 将烤好的蛋糕胚凉透，出盘，去掉烤盘底层的隔离纸。

8. 把蛋糕表面均匀涂上果酱，卷起成轴，静放半小时以上，即可按需切段食用。

食用时间

产妇产后第二周即可食用。

桂花糯米藕

食　材

莲藕1节，糯米250克，红糖250克，桂花蜂蜜，红枣3～5个，桂圆7～9个，枸杞10余粒，冰糖（白糖也可），桂花酱。

制作方法

1. 将藕洗净，切去一端藕节(藕节留着待用)，使藕孔露出，再将孔内泥沙洗净，沥干水分，冰糖砸碎待用。

2. 提前20～30分钟将糯米洗净，泡水。晾干水分，由藕的切开处灌入糯米，用竹筷子将末端塞紧，将切下的藕节合上，再用小竹扦扎紧，以防漏米。

3. 在沙锅或不锈钢锅(切勿用铁锅，否则会影响质量）中放入清水，倒入红糖，加入红枣、枸杞、桂圆，再放入灌好米的藕，以水没过藕为限，在旺火上烧开后转用小火煮制30分钟，待藕变红色时取出，晾凉，切成1厘米左右的厚片待用。

4. 取冰糖加水，在锅中熬制化开后，放入蜂蜜，再加入桂花酱，搅拌熬制成汁，浇在备好的糯米藕上，一道香甜可口的桂花糯米藕就做好了。

食用时间

适合产妇产后3～4周食用。

＊扫图片，看视频，跟我学做月子餐

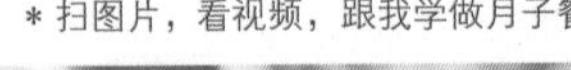

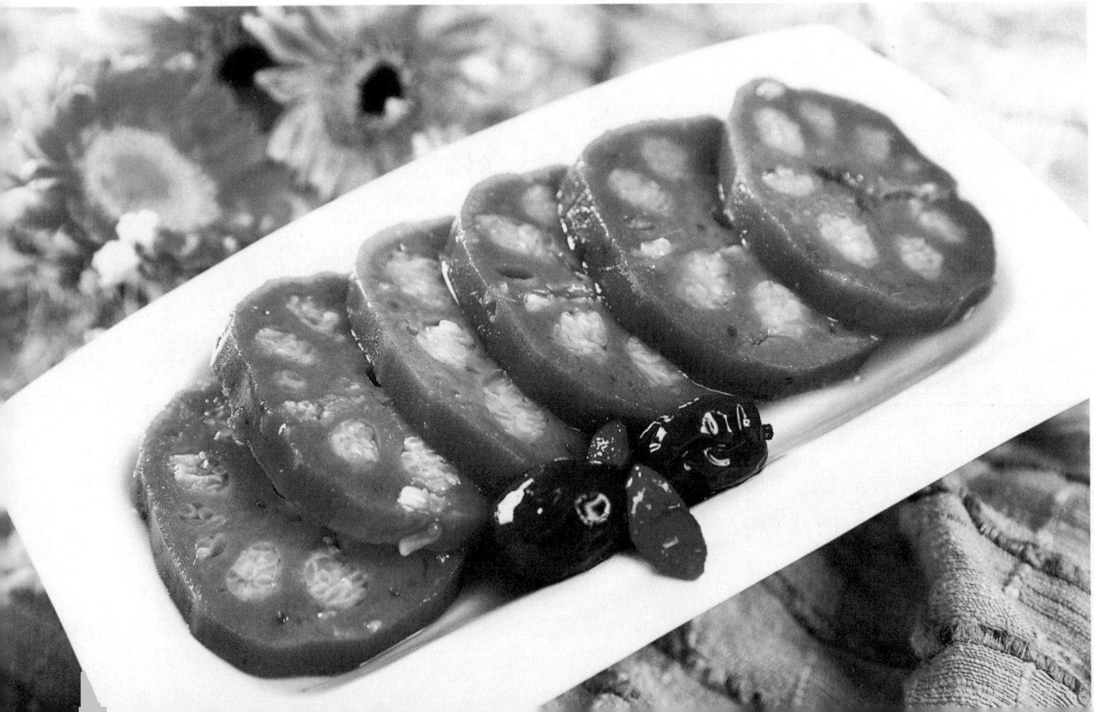

菠萝什锦鸡肉片

食　材

菠萝（新鲜菠萝或罐头均可）1盘，鸡脯肉100克，食用油，盐，白糖。

制作方法

1. 菠萝切块待用。

2. 鸡脯肉切片，加少许料酒、盐、蛋清、淀粉抓捏均匀，待滑。

3. 锅中加水上灶，火烧至五成热，散开放入备好的鸡脯肉，捞出焯熟后冲凉待用。

4. 锅内放油，待油八成热后先放姜丝炒出味，然后放入水滑鸡肉片、菠萝略加翻煸，最后放入适量糖勾芡即可出锅。

食用时间

适合月子期后半月食用。

阳光小贴士

1. 鸡脯肉要水滑，使其鲜嫩清口。

2. 煸炒时间不宜过长。

3. 少放盐，最后放糖保证口感甜酸。

4. 什锦水果与鸡脯肉一起烹制，色泽会更加诱人。

五仁益智生乳糊

食材

面粉1000克，黑芝麻150克，花生仁150克，核桃仁150克，杏仁150克，葵花籽仁150克，白糖300克。

制作方法

1. 将花生仁、核桃仁、杏仁、葵花仁、黑芝麻依次炒熟，置于不锈钢盆中拌匀。

2. 把熟的五仁料分次放入料理机里搅打成粉状。

3. 把面粉放在干笼布上蒸30分钟后取出搓匀。

4. 把熟面粉、糖、五仁粉掺在一起搓匀，晾凉装进容器中。

食用方法

盛两三勺，沸水冲开搅匀即可食用。

食用时间

月子期全月均可食用。

精讲第二十三课

月子餐里的食疗方

healthy FOOD

在月子里，很多食材运用好了，无论是对产妇还是宝宝，都可以起到很好的食疗作用。在这一课，我给大家讲讲我经常在月子餐中用到的食疗方。

照顾月子里的产妇，我有一个自己的“红色军团”：红糖、红豆、山楂、红枣、枸杞、红皮花生等，可以搭配出适合产妇食用的可口的汤水。

红糖活血化瘀，补气养血，碳水化合物丰富，是传统坐月子的必备食物。但我要特别叮嘱一下，因其具有活血化瘀、收缩子宫的功效，慎与缩宫素、益母草类同时摄入，分娩后两周停止食用红糖，以防活血过度造成产妇贫血。

下面我来向大家介绍几个有关红糖的食谱。

养肝退黄的红糖茵陈水

食　材

1克茵陈，红枣1～3个，桂圆3～5个，水500毫升。

制作方法

1. 先把红枣掰碎，取砂锅把茵陈、红枣碎末，加水泡半小时。

2. 将泡好的茵陈和红枣上中灶火煮开，然后小火煮10分钟，关火自然降温。

3. 当砂锅中的茵陈水至50℃左右时，滤除茵陈和红枣，取汁放入红糖适量化开，待到适当的温度就可饮用了。

食用时间

产妇月子期上半月食用。此方是一天的用量，每天分两次喝完。

补气固肾的枸杞黄芪水

食　材

黄芪15克，水200毫升，红糖，枸杞。

制作方法

1. 黄芪泡制30分钟，放在沙锅中煮制30分钟沥出，取水。

2. 在沥出的黄芪水中加入适量红糖、枸杞数粒，烧开即可。

食用时间

适合产妇月子期前半月饮用。每天早晚各一次。

开胃养颜的山楂红糖水

食　材

山楂片3～5片，水200毫升，红糖。

制作方法

把山楂片清洗干净，用水泡2小时，连同所泡水一起煮制，开锅后煮15分钟，根据口味，喝前倒入适量红糖搅拌均匀即可。

食用时间

产妇生产1周后可适量饮用，但月子期后半月慎食。

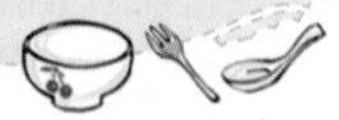

阳光小贴士 月子里味淡的饮食和过多的猪蹄汤、排骨汤、鸡汤等让产妇食欲不振。山楂能降胆固醇和脂质，并具有收缩子宫、开胃生津、帮助消化的功能。

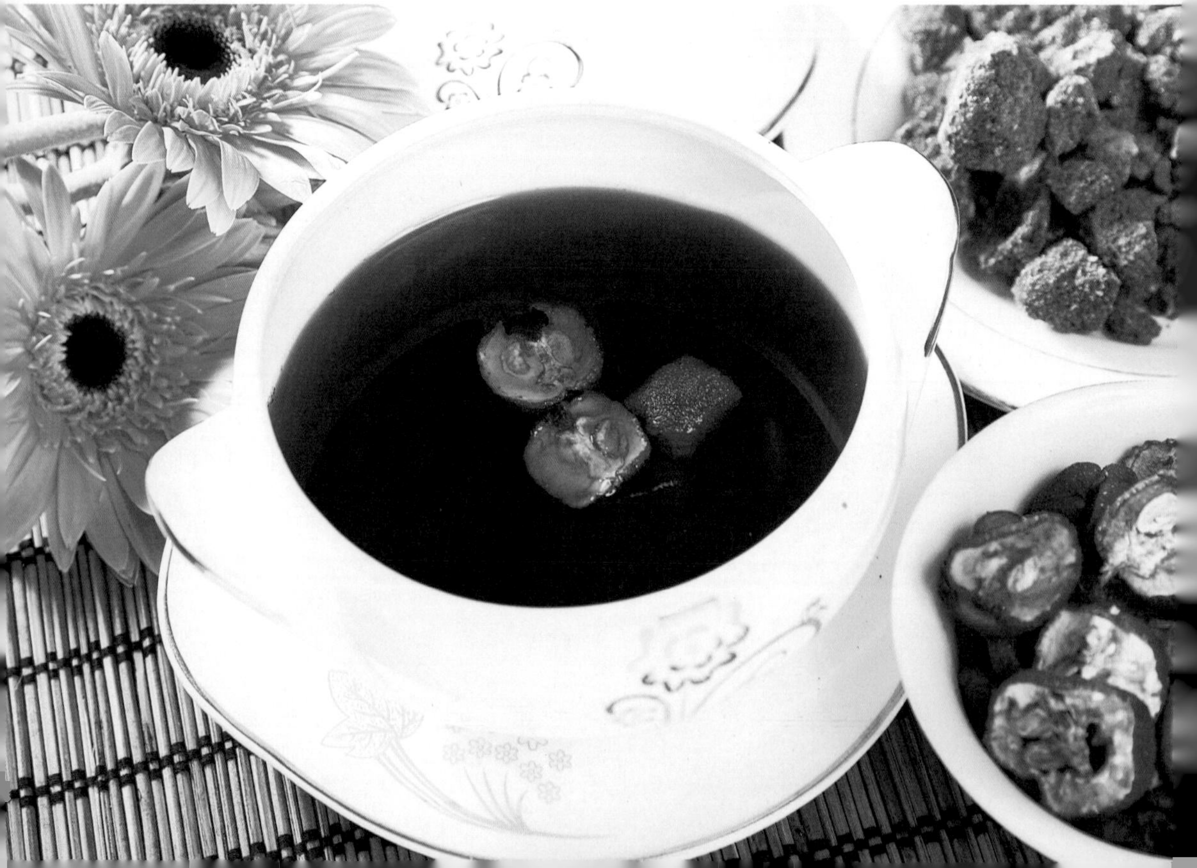

利尿消肿的红豆薏仁糖水

食　材

红豆1把，薏仁1把，红糖。

制作方法

1. 红豆浸泡4～8小时，薏仁浸泡2～4小时。

2. 放入2000毫升水烧开煮沸，改小灶火煮20分钟即可。食用前加入少许红糖搅拌均匀。

食用时间

月子期前半月食用，第一周为最佳时间，可全天食用。每次食用前，将适量红糖放入杯中搅拌均匀，温度适宜即可。

阳光小贴士 因孕后期代谢系统受到影响，产妇都有不同程度的水肿现象出现。应帮助产妇尽快消除水肿，恢复正常的生理机能。红豆薏仁红糖水既能利尿，又能补充身体气血。

生津养血的莲藕红枣桂圆水

食　材

莲藕半节，桂圆，红枣，红糖。

制作方法

莲藕去皮，清洗干净，切片放入水中，加入桂圆、红枣，煮制30分钟，放入红糖即可。

食用时间

产妇月子期全月都可食用。

养血催乳的红皮花生乳

食　材

红皮花生20粒左右。

制作方法

花生洗净，泡4个小时，按比例要求加入适量水，用豆浆机打制好，用滤网把花生渣滤出，把花生乳倒入碗中就可以直接饮用了。

食用时间

月子期全月都可食用。

阳光小贴士

这种花生乳可以润滑乳腺、养血催乳。新妈妈每次喂奶前，可以先喝半杯清水，再喝半杯花生乳，效果是非常好的。

补血养血的固元膏

食　材

阿胶一小块(约20克)，大枣肉，桂圆肉，核桃仁，芝麻，枸杞，冰糖，黄酒。

食用时间

月子期后半月，每天1～2次，每次1～2小勺。

制作方法

1. 取阿胶一小块放在食品袋中，隔着袋子用擀面杖敲碎，放入锅中，倒入黄酒（以没过阿胶为准），浸泡，密封，置放在冰箱冷藏室内24小时后取出待用。

2. 将适量冰糖、桂圆肉、核桃仁、枸杞、芝麻、大枣肉（总量3/4碗）打碎，放入盛有阿胶的碗中，搅拌均匀，上蒸笼蒸制30分钟即可食用。

阳光小贴士

1. 一次通常蒸制两天的食用量，不宜过量，重复加热会影响营养成分和口感。

2. 如果产妇是热性体质，可以减少桂圆、红枣的摄入量，加大冰糖用量；如果产妇是寒性体质，可以去掉冰糖，加大桂圆、红枣的摄入量。

通便健脾的香菇蒸包

食　材

面粉500克，香菇，猪肉，油菜，葱，姜，食用油，生抽，盐，料酒，麻油，鲜（干）酵母。

制作方法

1. 用低于40℃的200毫升水将酵母粉溶解后，倒入小麦面粉500克，和面成团发酵待用。

2. 香菇、油菜、猪肉切丁或剁成碎馅。依次加入葱、姜、麻油、花生油（玉米油、橄榄油、豆油均可，按自己口味而定）、料酒、生抽、盐，调馅待用。

3. 将发酵好的面团揉匀，切成小面剂，再用面轴将面剂擀成圆型面皮。将备好的肉馅放在面皮中间，顺边向前捏花边，最后捏紧包子口，静放半小时待蒸。

4. 锅中加水2000毫升，放上蒸笼，铺上过水拧干的蒸布，烧开锅。

5. 将饧发好的蒸包放入蒸笼，中火蒸制15～20分钟（据蒸包的大小而掌控时间），一盘鲜香松软的小蒸包就做好了。

食用时间

产妇生产2周后可食用。

健脑补肾的冠香馒头

食　材

面粉3碗，花生、芝麻、核桃仁糊1碗，糖，酵母，水。

制作方法

1. 酵母浸水溶解水中。

2. 面粉倒入酵母水饧发，发至原体积3倍即可。

3. 将饧发好的面团分成小面剂，揉制成圆团静放醒发至2倍大时，上笼蒸熟即可。

食用时间

产妇生产2周后可食用。

阳光小贴士

1. 和面时，200毫升的水分次加入，先放入180毫升水和成面团，再用双手沾水揣入面团中，直至将20毫升的水完全揣入。

2. 饧发时，面团表面盖上湿布，并密封好。

3. 将饧发好的面团分成小面剂，揉制成圆团静放饧发，至2倍大时，即可上锅蒸制。

4. 如果不能肯定是否蒸熟，可打开锅盖迅速用手轻按蒸包，如果按下蒸包立马弹起自动恢复原样，就说明蒸熟了；如果按下不弹起，就说明还没有蒸熟。

5. 蒸熟停灶火后，不要立即打开锅盖，停放3分钟左右，口感更好。

帮助通便的菠菜汤

菠菜好消化，易吸收，含铁量高，是坐月子期间帮助通便最好的食物。

制作方法：将菠菜洗净，焯水。锅中加水150毫升，放入备好的菠菜，煮开放少许盐，滴上香油就可食用。

帮助通便的芹菜食谱

月子里的产妇如果出现便秘，要加大青菜摄入量，芹菜富含膳食纤维，也是通便的好食材。

根据新妈妈坐月子的阶段，可以把芹菜相应加工成不同形态的食材食用。如初期的芹菜水、芹菜泥；中期的芹菜粥、芹菜炒蛋、芹菜末蛋羹、芹菜馄饨；后期的芹菜疙瘩汤、芹菜炒肉等。

调便的菌菇食谱

菌菇食品有助于肠道菌群的产生，提高产妇和母乳宝宝的消化吸收功能，使大便保持正常的状态。下面给大家介绍几款菌菇食谱。

鲜菇末蛋羹：

取蒸碗1个，将鲜菇切碎，和蛋液按1：1的比例加入，放少许盐打搅均匀，蒸制。

金针汤：

将金针菇洗净焯水待用；放水200毫升，倒入金针菇煮制10钟即可食用（汤、料同吃），可根据自己口味适量加盐。

鲜菇汤：

取鲜菇洗净，焯水待用；放水200毫升，倒入鲜菇煮制10分钟即可食用（汤、料同吃），可根据自己口味适量加盐。

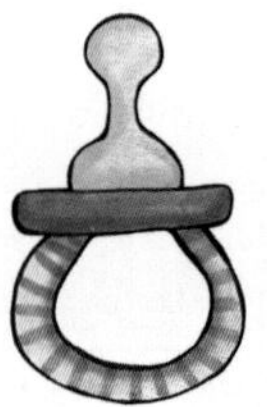

第七章 百问百答

为了便于读者查询，我们汇总了一些比较常见的问题，以问答的形式加以解答。

产后怎么吃

1. 如果是顺产，多长时间可以吃东西，第一餐吃什么较好？

答： 出产房后可以喝点红糖水，第一餐可以吃小米红糖粥和鸡蛋羹。但需注意的是，因个人体质和分娩后的状态不同，能否喝红糖水以及喝多少红糖水应该遵医嘱。

2. 如果是剖腹产，多长时间可以吃东西，第一餐吃什么最好？

答： 剖腹产手术后的产妇，至少术后6小时方可进食小米汁（小米粥取汁不带米粒）、萝卜汤，排气后方可食用流质食物，如小米粥、鸡蛋羹等。

3. 产后的第一周和第二周只能吃流食和半流食吗？比如稀饭、蛋羹、米粥、汤面及各种汤等。

答： 最好这样。因为刚刚分娩的产妇体质虚弱，消化能力差，各部分器官都有待复苏和恢复。固体饮食会给消化吸收带来很大负担。建议第一周吃流质食物，第二周过渡到半流质食物。

4. 坐月子期间应该少食多餐还是多食少餐？每天吃几餐更科学呢？

答： 应该少食多餐。我的月子餐方案是每天三主餐、三加餐。

5. 坐月子期间是不是吃得越丰富越好？

答： 是的，食物多样化，营养才均衡。

6. 月子里第一周的饮食特点是什么？

答： 第一周饮食目的在于促进产妇肠胃功能“苏醒”，促使恶露和水分的排出，并补充体力，提高抵抗力。所以，这个阶段的饮食特点为以流质食物为主，少食多餐，清淡少盐，易消化、易吸收，像传统的小米粥、鸡蛋羹、软面叶、烂面条和各种汤水、软叶蔬菜等。

7. 月子里第二周有什么饮食特点？

答： 在第二周，随着子宫降入骨盆，产妇脾胃功能恢复和内脏复位是本阶段的重点。饮食特点是从半流质食物向半固体食物过渡，吃饭可以比第一周略微“硬”一点，比如吃一些易消化咀嚼的蔬菜、肉末鸡蛋羹、稠稀饭、馄饨、面条等。

8. 月子里第三周有什么饮食特点？

答：这个阶段，新妈妈的体质已经逐步恢复，调补重点在于滋养泌乳，补充元气。食物的品种开始多样化，每天必须保证15～30种的食物摄入，尤其是粗粮。同时，这个阶段的产妇可以适当进补，大枣、阿胶、枸杞、人参等可以适当吃一些，但必须是在了解自己体质的前提下。

9. 月子里第四周有什么饮食特点？

答：第四个阶段基本延续第三个阶段的食谱特点，即体质巩固期。这是新妈妈即将迈向正常生活的过渡期，体力、肠胃、精神都已恢复良好。到了这一周，千万别松懈，应该严格按照四阶段计划来吃，以巩固整个坐月子期间的成果。

10. 月子餐一定要以荤菜为主吗？素食产妇如何补充营养？

答：不是。好的月子餐应该是“营养均衡，合理搭配，科学饮食”。素食产妇可多摄入蛋类、蔬菜类、豆制品及坚果等食物来补充脂肪和蛋白质。

这些食物从什么时候开始吃

11. 有人说刚生产完毕就可以食用红糖，有人说要到月子的后两周才能吃。请讲讲关于红糖的食用时间。

答：红糖的食用时间应该是月子期前半个月，对子宫收缩、恶露排出及乳汁分泌等有明显促进作用。煮红糖水时，可以取水200毫升烧开，放入红糖20克左右，搅拌均匀烧开，凉到温热即可食用。

关于食用红糖，有两件事情提醒产妇注意。一是在打缩宫素期间，红糖饮用量应遵医嘱，避免活血化瘀力度过大，引起不适；二是妊娠期血糖高的产妇，坐月子期间不宜食用红糖，以免引起血糖、尿糖升高而影响身体健康。

12. 鸡汤从什么时候开始喝？

答：自然分娩的产妇，分娩后即可喝，但要去掉油脂；剖宫产的产妇，要在排气后食用。但因产妇个人体质不同，乳腺发育各异，下奶前要慎食。

13. 猪蹄汤从什么时候开始喝？

答：不宜过早，建议分娩后五天开始喝。

14. 产后什么时候可以开始吃肉？怎么吃？

答：产后第三天就可以吃点肉末，要做得细软，从肉末再逐渐过渡到肉片、肉块、排骨等，仍要做得软烂。

15. 坐月子期间可以食用猪心吗？怎么吃？

答：可以，猪心是一种不错的食材。坐月子前期可以做麻油猪心汤，中后期可做炒麻油猪心。对热性体质的产妇可烹制清汤猪心和橄榄油炒猪心。

16. 猪腰什么时候开始吃？

答：产后第二周开始吃比较好，可以达到养气固肾的目的。

17. 猪肝什么时候开始吃？

答：产后第一周就可以吃，以达到活血化瘀、代谢排毒的作用。

18. 产后第一周，新妈妈肠胃虚弱，可以吃蔬菜吗？

答：可以吃些口感软、易消化、易咀嚼的大叶类蔬菜，如油菜、白菜、菠菜、娃娃菜等。

19. 紫薯、马铃薯和南瓜什么时候可以开始吃？

答：虽然这几种食物具有通便作用，但因为产妇分娩后身体虚弱，消化功能差，而这些食物容易产生胀气，所以产后前三天尽量不要食用。

20. 山药什么时间开始吃合适？

答：山药虽然营养丰富，但容易生燥，所以产妇生产后三天内不宜食用。

能吃还是不能吃

21. 产妇坐月子后期可以吃凉拌菜、喝凉开水吗？

答：不可以。常温以上的热拌菜可以吃，但最好在半个月后食用，凉开水则要杜绝。

22. 坐月子期间可以吃一些口味较重的食物吗，比如加了辣椒、花椒、葱姜蒜之类的炒菜？

答：辣椒刺激性强，不适合产后吃。花椒也不可以吃，一则，花椒食用多了会上火伤及脾胃；二则，食用了花椒、辣椒等刺激性食物，会通过乳汁哺乳给新生儿，容易使宝宝产生过敏性湿疹，还会伤及宝宝的肠胃。生葱、生姜、生蒜不可以吃，熟姜、熟蒜、熟葱可以吃。葱能解表发散，姜能发汗驱寒，蒜不仅能提味还能补充硒等营养元素。经过热加工的葱、姜、蒜不仅能调味，还可起到调理身体、补充营养的功效。

23. 坐月子期间可以吃油炸食品吗？

答：可以，但要少吃。因为油炸食品不易消化，会给胃肠造成负担，也会使脂肪的摄入过高而造成营养失衡。

24. 坐月子期间可以吃泡菜之类的腌制品吗？

答：不能吃。腌制食品尤其是蔬菜类营养素流失得太多，腌制过程中产生的亚硝酸盐对身体有害，太咸也会给肾脏造成负担。

25. 坐月子期间可以吃豆类食品吗？

答：可以吃。豆制品是高级植物蛋白，脂肪含量低，钙质含量高，含有赖氨酸等多种氨基酸营养素。

26. 坐月子期间可以吃一些酸性食物吗？

答：可以。但要注意酸碱平衡。一般粮食类、肉类、鱼类均为酸性食物，蔬果类为碱性食物。对产妇来说，通常每天的酸性食物应控制在畜禽肉类60克，谷薯杂豆类230～400克，鱼虾50～100克，蛋2～3个，牛奶1～2杯，豆浆1杯或豆腐70克左右。

27. 坐月子期间可以吃韭菜吗？

答：不可以。吃了容易造成母乳宝宝腹泻。

28. 坐月子期间可以食用人参、燕窝、鹿茸等补品吗？

答：可以，但要分时期。肠胃虚弱、气血不足的产妇前两周不适合吃大补食物，一般添加在第三、四周。

29. 月子餐里可以放入味精吗？

答：不可以，会影响母乳宝宝对锌的吸收。

30. 坐月子期间可以喝大麦茶吗？

答：喂母乳的产妇不能喝，因为大麦茶有回奶的作用。

31. 坐月子期间可以喝咖啡吗？

答： 哺乳的产妇不能喝，因为咖啡中所含的咖啡因、可可碱会影响宝宝神经系统的发育。

32. 坐月子期间可以喝茶吗？

答： 哺乳的产妇最好不要喝，茶里面含有鞣酸、茶碱和咖啡因，对宝宝的脑部神经生长发育不利。

33. 坐月子期间可以吃巧克力吗？

答： 不可以。巧克力里面所含的咖啡因和可可碱对宝宝大脑及神经系统发育不利。

34. 产后可以食用胡萝卜吗？

答： 可以。胡萝卜里面所含的胡萝卜素对人体的眼睛和黏膜组织、上皮组织都有好处。但在宝宝黄疸严重时，哺乳产妇不宜食用。

35. 坐月子期间可以食用芝麻吗？

答： 可以。熟芝麻有滋补气血、养脑固肾的作用。

36. 坐月子期间可以食用西芹吗？

答： 可以。西芹具有丰富的膳食纤维，通便效果很好，但注意要炒烂炖烂。

37. 坐月子期间可以食用花生吗？

答： 可以。花生乳有很好的泌乳作用，带皮的花生仁还有很好的养血功效。

38. 坐月子期间可以食用绿豆吗？

答： 可以。绿豆营养丰富，是坐月子期间的上佳食物，前期“排毒”，后期“清火”。需要注意的是，坐月子前期的产妇体质虚弱，消化功能差，绿豆一定要煮软煮烂，适量食用。且因产妇的体质不同，一定要因人而异，因体质而定。

39. 坐月子期间可以食用糯米饭吗？

答： 可以。不过糯米比较难消化，刚分娩的前几天最好不要吃。

40. 产后什么时候可以开始喝疙瘩汤？

答： 因为疙瘩汤较面叶、面条难消化，最好在月子里的第三、四周食用。

41. 坐月子期间可以食用一些专为孕产妇设计的妈妈奶粉、钙片吗?

答：可以。

42. 坐月子期间可以食用鲁菜吗?

答：可以，但口味不要太重，调味料不能吃。

43. 坐月子期间可以吃杏、山楂、酸枣等带酸味的水果吗?

答：建议别吃。这些水果酸度比较大，对产妇肠胃有刺激。

44. 坐月子期间可以喝一些醪糟吗?

答：可以适量饮用。

45. 坐月子期间可以吃薯片等零食吗?

答：不可以，因为它们属于低蛋白、高脂肪、多添加剂食品。可以自己制作小点心、水果捞等零食。

46. 产妇能吃茴香苗吗？吃了会回奶吗？对身体有影响吗?

答：能吃，不回奶，茴香苗富含膳食纤维素，能促进肠胃蠕动。

47. 阿胶对产妇有哪些好处？如何食用?

答：阿胶生血养血、滋阴养颜，是产妇滋补的绝佳食材。中医有“虚不受补”之说，因而产后第一、二周不宜食用，中性体质产妇每天食用5～10克即可，寒性体质产妇适量增加，热性体质产妇适量减少。

48. 公鸡汤的作用有哪些?

答：补充雄性激素，降低雌性激素，增强泌乳激素。

49. 月子里能喝母鸡汤吗?

答：坐月子前半个月，一般我们建议喝公鸡汤，增加泌乳激素达到泌乳的目的。乳汁充足时可以喝母鸡汤。母鸡汤营养丰富，并具有增加免疫力、强身健体之功效，特别是在雌性激素的补充上有着很好的功能，雌性激素的恢复可以抑制“抑郁症”的出现。通常我建议月子期下半个月喝母鸡汤。

50. 虾在什么时候不可以吃?

答：虾含有丰富蛋白质和锌，是坐月子期间不可缺少的营养食物之一。但虾的食用不宜过量，一般每天50～80克即可。在宝宝有湿疹和产妇伤口没有愈合的时候不可以吃。

51. 月子里可以吃薏仁吗？

答：可以。薏仁是坐月子的上佳食物，有很好的代谢排毒、除湿排异的功效。食用时，可以和糯米一起煮稠稀饭、四神粥（以薏米、猪肝为主的粥）等。

52. 有人说多吃一些胶质成分比重大的食品（比如阿胶等）能帮助肌肤早日恢复弹力，请问是这样吗？

答：胶原蛋白能起到滋润、保湿、防止皮肤衰老的作用。阿胶富含胶原蛋白，其主要功效是补血活血、滋阴润肺，但也要因体质、季节而异，食用量应有不同。

53. 有人说坐月子期间一点水果和蔬菜都不能吃，这种说法可取吗？

答：不可取。因为水果、蔬菜含人体所需的维生素和矿物质，摄入不够会使产妇膳食纤维缺乏，营养摄入失衡；但要食用适量，不可以水果为主食。

54. 转基因的食物不能吃吗？

答：最好不吃。

55. 坐月子期间喝鱼汤的功效有哪些？

答：因哺乳的需求，鱼汤一般是产妇坐月子期间首选的食物，可以促进乳汁分泌，增加营养，补充锌、钙等多种维生素，易消化，易吸收，帮助产妇恢复体质。

56. 有人说莲藕排骨汤可治疗坐月子期间的贫血症状，这种说法可信吗？

答：可信。中医理论认为，莲藕养血生津，食用莲藕可以改善贫血、增加食欲，是很好的月子餐食物。

57. 老人说，月子里吃猪腰对肾好，有道理吗？

答：有道理。猪腰可以增强肾脏功能，促进体内新陈代谢，养腰护肾，促进钙吸收。

58. 有人说坐月子期间多吃西红柿，不但能消除皱纹和雀斑，还能给新妈妈补充多种维生素，这种说法可取吗？

答：可取，但不能过量食用，要控制好酸度，特别是产后第一周，避免伤及牙齿骨骼。如果宝宝黄疸严重时，不易食用西红柿。

59. 老人说，月子里不吃盐下奶多，这种说法可取吗？

答：不可取。因为产后体内的矿物质如钾、钠、钙、镁等会随汗液、尿液、恶露排出，如不吃盐会对身体不利，对增强宝宝的免疫力也无益。

60. 有人说坐月子时不能吃甲鱼、螃蟹。这个说法对吗？

答：甲鱼能吃，一般在月子期下半个月为好，但热性体质的产妇慎吃。螃蟹是寒性食物，坐月子期间是不能吃的。

61. 哺乳期喝蜂蜜柠檬水可以通便吗？

答：可以。但要控制好柠檬的用量，以免酸度过大伤及牙齿。

62. 听说产后吃鸽子会回奶？这是真的吗？

答：不是。坐月子期间喝鸽子汤很好，鸽子营养丰富，有"一鸽顶五鸡"之说，可见其营养价值之高。

63. 哺乳期吃丝瓜可以让奶水变多吗？怎样吃最好呢？

答：有这个说法。丝瓜是催乳食物，可做丝瓜鲫鱼汤、丝瓜鸽子汤、丝瓜豆腐汤、丝瓜炒蛋、丝瓜鸡肉丸、丝瓜番茄双色炒、丝瓜肉片等菜式，都是很受产妇欢迎的。

64. 孩子退黄疸期间，产妇宜吃什么汤水？

答：可以食用茵陈红枣水、猪肝粥、玉米须水等，都具有退黄作用。

产后如何调理

65. 产妇生产后便秘，吃什么比较好？

答：通常吃煮熟的胡萝卜较有作用。

多吃其他蔬菜水果和菌菇类食品也很有效。如果产妇是热性体质，可食用香蕉、木瓜、丝瓜、菠菜、芹菜水等通便润肠的食物；若为寒性体质，可食用芒果、芋头、紫薯、红薯、马铃薯等。但产后前三天最好不要吃紫薯、红薯等含淀粉较高、不易消化的食物。水果一定要蒸一下或用开水煮一下，最好不要直接食用。

66. 产后阳气虚弱，吃些什么食物有助于进行调理？

答：羊肉、鳝鱼、河虾、胡桃仁、豇豆。

67. 产后精血亏虚，吃哪些食物有助于滋阴补血？

答：阿胶、龙眼肉、海参、甲鱼、葡萄。

68. 坐月子期间如何补铁？

答：经常吃猪肝、红豆、黑米、红糖、黑芝麻、菠菜等。

69. 坐月子期间如何吃能最大程度地补钙？

答：每天不少于500毫升的牛奶，经常食用虾皮、海带、芝麻酱、木耳以及豆制品。

70. 坐月子期间，寒性体质、中性体质、热性体质的产妇各适宜食用那些水果？

答：寒性体质的产妇可以吃些荔枝、榴莲、桂圆、核桃、栗子、松子、樱桃、桃等热性或中性果品；热性体质的产妇可以吃些苹果、柑橘、菱角、香蕉等凉性果品；中性体质的产妇选择范围相对较广。

71. 坐月子期间怎么吃可以瘦肚子？

答：少食多餐，营养均衡，适量运动，避免大吃大喝。

72. 坐月子期间拉肚子，吃什么能帮助调理？

答：先找原因，个人建议吃蒸苹果比较好。同时，要回避一些脂肪、淀粉、糖分含量高的食物，比如说油性大的汤类及红糖水、南瓜、紫薯等。

73. 坐月子期间补得过多，有点儿上火怎么办？

答：可以吃点儿冰糖银耳莲子汤，喝点儿果汁、绿豆汤等，减少热性食物的摄入。

74. 吃什么能够解决哺乳期手脚冰冷的问题？

答：多吃羊肉、鸡肉、海参、虾、核桃仁、鳝鱼等热性补阳的食物。

75. 产后恶露不尽，应回避哪些食物？

答：停止食用活血化瘀的食物，如红糖、木耳、动物肝脏等。

76. 产妇月子里胃口不好怎么办？

答：排除情绪原因外，胃口不好的原因一般有以下几种：一是内火大，可食用清淡、去火的食物。二是饮食不可口，要在调整饭菜的色彩和味道上下功夫。三是产妇消化功能弱，可以适度帮助产妇加大活动量，做产后恢复操。四是产妇心情不好，建议家人多在情感上给予呵护，排解抑郁情绪。五是产妇胃酸，要减少酸性食物的摄入，多食用养胃效果好的小米粥。

77. 月子里，产妇晚上总嚷饿，又不敢给她多吃，让她吃点儿什么好呢？

答：原因一：因胎儿的娩出，胃在腹中的空间大了，总有一种“没着落”的感觉。过多的摄入可能会造成胃下垂等后遗症，所以一定要少吃勤吃。

原因二：母乳的产出消耗大量热量，坐月子前期产妇又以流质食物为主，因而总觉饿。可以适量为产妇加一些甜点，夜间再多加几次汤粥类，如豆浆、牛奶、芝麻糊、小米粥等。

78. 产后第一周，新妈妈肠胃虚弱，可以吃蔬菜吗？

答：可以吃些油菜、白菜、菠菜、娃娃菜等口感软、易消化、易咀嚼的大叶类蔬菜。

79. 月子里炒菜用什么油比较好？

答：对于热性体质的产妇，用橄榄油、豆油、菜籽油比较好；对于普通体质的产妇，用花生油、玉米胚芽油比较好；对寒性体质的产妇，可以用黑麻油、核桃油、瓜籽油。

80. 为什么产妇下奶多少不同？

答：关于下奶，除了外在的饮食条件外，产妇内分泌情况起着主导作用。

81. 月子需要发汗吗？发汗的食疗方法有哪些？

答：需要发汗。发汗食材包括红糖、黄酒或米酒、姜、枸杞、桂圆、大枣。酒的量可以根据个人体质的承受能力而定。先把食材浸泡半小时，煮开后小火煮制5分钟，放酒开锅即可。自然凉至50℃时滤出食材即可服用。

82. 发汗时必须放黄酒或米酒吗？如果是酒精过敏体质怎么办？

答：因为酒精的作用只是扩展毛孔，使寒气完全排出，达到最佳效果。如果是酒精过敏体质，可以全部用水代替，也可以加以泡脚辅助，从而达到发汗的最佳效果。泡脚时，可取50克艾叶、20克红花、20克透骨草、20克伸筋草，煮开，凉至45℃～50℃，把双脚浸泡在水中，同时服用煮好的红糖姜水，效果也不错。

83. 月子里每天摄入的水量应该是多少？

答：哺乳产妇需摄入3000毫升左右的水，不哺乳产妇摄入2000毫升就可以了。

84. 各种烹调油有不同作用吗？

答：橄榄油清淡，黑麻油益肾，核桃油益智，豆油补钙，花生油健脾润肺。

85. 做月子期间必须多喝汤吗？

答：哺乳期间需要大量水分，一般来说，产妇每天要摄入3000毫升的总水量，同时，哺乳期需要足够的营养摄入，产妇此时的消化吸收能力又比较弱，因此，我建议还是多喝汤比较好，利于产妇吸收营养。

86. 坐月子期间吃鱼有讲究吗？

答：有讲究。鱼汤是产妇在月子里选择食用最多的一种汤水，具有补钙、补锌、泌乳作用。一般来说，我们可以根据区域、饮食习惯、所处阶段的不同选择鲫鱼、鲤鱼和黑鱼等。鲫鱼汤催乳，鲤鱼汤排恶露、祛瘀血，黑鱼汤促泌乳，可据实际情况选择。

87. 月子餐中，鲫鱼汤应该怎么加工？

答：两种方法，一是用油先把鱼略煎，再放热水，大火煮10分钟；二是直接煲汤。可以参考前述精讲课。

88. 听说喝通草水下奶，能不能介绍下和通草有关的汤水？

答：通草最主要的作用是通乳，可根据产妇的体质做通乳调理之用。通草可到各中药店购买，一次购买3～5天的量，每天12克左右（请药店分别按每天的量包好）。关于通草的食用，第一，可用通草水冲红糖当水喝；第二，可用通草水煮小米粥；第三，可用通草水煮河鱼汤、鸡汤、鸽子汤等。

89. 喝完鸡汤、鸽子汤后，剩下的鸡肉和鸽子肉还有营养吗？

答：有营养，但大部分营养成分已在汤水中。

90. 炖猪蹄汤，是放花生还是黄豆好？

答：放花生和放黄豆是有不同功效的。花生可补血生津、促进乳汁分泌，黄豆可补钙壮骨，可以根据不同的需要来食用。

这些食材怎么处理

91. 产妇在月子里海参的用量是多少？

答：一般每周2～3个就能满足营养需要。

92. 海参怎么发制？

答：将密封容器洗净消毒，放入海参，倒入纯净水没过海参，4℃密封储存，每天换水2次即可。在泡发24小时后去内脏，上锅开水煮3～5分钟，捞出自然凉透，再次倒入纯净水置放在冷藏室。2～7天为食用最佳时期，超过10天就用保鲜膜或保鲜袋密封起来冷冻，随时加工食用。

93. 鸡蛋怎样煮？

答：冷水放蛋，小火烧至开锅，中火煮制8分钟即可。如果鸡蛋从冰箱里拿出来，则要放至常温后再进行上述步骤。

94. 鸡蛋羹怎么蒸才爽滑？

答：取蛋液和水的比例为1∶1，用70～80℃水搅打均匀，放入开锅的热碗中大火蒸制5～8分钟即可。

95. 如何处理鱼翅？

答：洗净后，把鱼翅泡在纯净水中，密封放在冰箱的冷藏室，泡发24～48小时。

96. 如何处理冬虫夏草？如何炖汤？

答：冲洗后泡在纯净水中2小时，直接放在锅中熬汤即可。冬虫夏草润肺效果很好，和鸭子是“黄金搭档”，适合热性体质和夏季食用。如果家里没有这种食材，可用蘑菇代替。

97. 如何处理燕窝？

答：掰碎后用纯净水泡发12～24小时，可直接做咸汤，也可以和银耳、莲子、红枣、桂圆放在一起制作木瓜羹。

98. 做山药类菜品时总是手痒，有什么好办法吗？

答：处理山药防止手痒的小方法：

（1）把山药洗净，削皮时最好戴上手套，或在手上套保鲜袋。

（2）把山药洗净，整根丢入开水中煮一会儿，这样山药皮基本熟了，原有的过敏源被破坏，再接触就不会痒了。用菜刀自上而下轻划一下，外皮就能很轻松地去掉了。

99. 生西红柿怎么去皮又不破坏营养?

答：用小勺在番茄外皮刮一遍，用手一揭即可去掉，可保持番茄的原味。

100. 哪些食材搭配着吃营养和口感比较好?

答：从营养和口感来说，西红柿和卷心菜、牛肉和西红柿、胡萝卜和羊肉、鸡汤和蘑菇、山药和排骨、菠菜和猪肝、油菜和猪腰、西兰花和虾仁等，都是口感适宜、营养均衡的“黄金搭档”。